工业和信息化人才培养规划教材

Industry And Information Technology Training Planning Materials

U0313350

Technical **A**nd **V**ocational **E**ducation

高职高专计算机系列

Dreamweaver CS5 网页设计与制作教程

Web Design and Production By Dreamweaver

文琦 詹增荣 ◎ 主编

程丹 黄华 高俊 ◎ 副主编

人民邮电出版社

北京

图书在版编目（ＣＩＰ）数据

Dreamweaver CS5网页设计与制作教程 / 文琦，詹增荣主编. -- 北京：人民邮电出版社，2014.1(2017.2 重印)
工业和信息化人才培养规划教材. 高职高专计算机系列

ISBN 978-7-115-33056-7

Ⅰ. ①D… Ⅱ. ①文… ②詹… Ⅲ. ①网页制作工具－高等职业教育－教材 Ⅳ. ①TP393.092

中国版本图书馆CIP数据核字(2013)第232214号

内 容 提 要

Dreamweaver 网页设计与制作课程是一门实践性较强的课程，是一门学生可以从零起步，培养搭建网站能力的理论与实践并重的课程。本书采用"任务驱动"的形式，充分利用了 Dreamweaver CS5 主要功能，围绕不同知识点建立页面。在任务完成的情况下，再对知识点进行介绍，让操作融于理论，理论贯穿操作。

全书共分为 6 章，采用理论以必需够用为度、突出实践设计与操作的原则，依次介绍了网页设计基础知识、XHTML 与 Dreamweaver CS5 基本操作、网页基本元素的应用以及网站管理与发布的相关知识。该课程宜通过任务驱动、实战演练等方式组织和开展教学，以提升学生的实践应用能力和综合素质，而不是知识点的理论灌输。

本书可作为高职高专院校计算机相关专业的教材或参考书，也可以作为相关领域人员的入门学习用书或入门培训教材。

◆ 主　编　文　琦　詹增荣

副主编　程　丹　黄　华　高　俊

责任编辑　王　威

责任印制　焦志炜

◆ 人民邮电出版社出版发行　北京市丰台区成寿寺路 11 号

邮编　100164　电子邮件　315@ptpress.com.cn

网址　http://www.ptpress.com.cn

三河市潮河印业有限公司印刷

◆ 开本：787×1092　1/16

印张：11.75　　　　2014 年 1 月第 1 版

字数：300 千字　　2017 年 2 月河北第 2 次印刷

定价：33.00 元（附光盘）

读者服务热线：**(010)81055256**　印装质量热线：**(010)81055316**
反盗版热线：**(010)81055315**

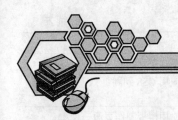

前　言

在 Internet 飞速发展的今天，网站已逐步成为各行各业展示自我的平台。因此，网页制作技术的地位得到大大提升，而熟练掌握网页制作工具能使网页开发变得事半功倍。Dreamweaver 是由 Macromedia 公司开发的一款所见即所得的网页编辑器，和二维动画设计软件 Flash，专业网页图像设计软件 Fireworks，并称为"网页三剑客"。因此，熟练掌握该软件的使用，既可以制作出较为精美的网页，也可以帮助学生更快地转向其他相关专业领域，如网站开发等。

网页设计与制作是一门操作性和实践性很强的课程，为了帮助教师比较生动地讲授这门课程，使学生能够熟练掌握网页制作的基础知识、实用技能和相关操作，我们结合多年实际的教学经验，共同编写了这本《Dreamweaver CS5 网页设计与制作教程》教材。

本书以 Dreamweaver CS5 软件作为网页制作工具，介绍了设计网页的方法与技术，包括网站的规划及布局、XHTML 与 Dreamweaver 代码视图、文本与图像的应用、超链接的应用、表格的应用、多媒体的应用、表单的应用、CSS 的应用、层的应用、模板的使用及网站发布与管理等内容。本书主要采用以任务为驱动的方式，基本按照"任务目的—操作步骤—相关概念及操作"这一思路进行编排，通过一系列的"任务"诱发，让学生在实践中学习，在学习中实践，既培养学生制作网站的动手操作能力，又加强其对网页制作理论知识点的理解。编写中，选择的任务与知识点力求简明扼要、由浅入深、通俗易懂、目的明确、原理简洁、步骤清晰。

本书每章的任务也可以供学生上机操作时使用。本书配备了教材任务中相关的素材，任课教师可到人民邮电出版社教学服务与资源网（www.ptpedu.com.cn）免费下载使用。本书的参考学时为 48 学时，其中实践环节约为 16 学时。相关教学设计如下表所示。

以任务驱动的教学目标

序号	教学模块	能 力 目 标	任 务 设 计
1	网站概述	掌握网站及网页涉及的术语；熟悉 Dreamweaver CS5 的操作界面；掌握 Dreamweaver 站点的建立	任务 1　认识网页与网站 任务 2　站点的建立
2	XHTML 与 Dreamweaver 基本操作	掌握 XHTML 文档的基本结构；了解 XHTML 常见标签及其语法；掌握插入基本的网页元素，如文本、图像、超链接、表格、表单、框架、多媒体、AP DIV 元素及其相关页面元素的属性设置；能够制作简单的页面。	任务 1　文本操作 任务 2　图像操作 任务 3　超链接操作 任务 4　表格操作 任务 5　表单处理 任务 6　框架结构 任务 7　插入多媒体元素 任务 8　AP DIV 元素 任务 9　Spry 框架

续表

序号	教学模块	能 力 目 标	任 务 设 计
3	CSS 的应用	掌握 CSS 样式表的基本语法及类型；掌握如何定义 CSS 样式规则；掌握如何在页面中应用样式表。	任务 1 美化页面 任务 2 应用 CSS 到网页
4	模板与库项目的使用	了解模板的作用；掌握模板的创建及编辑操作；掌握在 Dreamweaver CS5 中利用模板制作风格一致的页面的操作。	任务 1 使用模板制作页面 任务 2 使用库项目制作页面
5	行为特效	了解行为的概念；了解行为的动作及事件的概念；掌握在 Dreamweaver CS5 中为网页添加常见的内置行为特效的操作。	任务 使用行为
6	网站管理	了解网站管理的一些技巧，掌握网站的组织形式，能够将网站在 Internet 上发布。	任务 1 在 Internet 上建立 Web 站点 任务 2 空间和域名的申请 任务 3 发布站点

本书由电子科技大学中山学院的文琦、广州番禺职业技术学院的詹增荣、广州体育职业学院的程丹、漯河职业技术学院的黄华和江西生物科技职业学院的高俊共同编写。在本书的编写中，我们参阅了大量的国内外文献资料。在此，谨向资料的作者和提供者表示谢忱。

由于编者水平有限，书中难免存在错误和不妥之处，敬请广大读者批评指正。

编　者

2013 年 7 月

目　录

第1章

网站概述

互联网的发展，引发了前所未有的信息革命和产业革命。互联网已经成为经济发展的重要引擎、社会运行的重要基础设施和国际竞争的重要领域，深刻影响着世界经济、政治、文化的发展。于是，网络不再属于少数"精英"，而开始属于多数"菜鸟"。据中国互联网信息中心发布的数据，截止到2010年12月底，我国互联网网民总数达4.57亿人，其中手机网民总数为3.03亿人，而网站数量为191万，网页数量达到了600亿。无论是企业、公司，还是政府机构等都在积极地行动，建立网站展示自己。

1.1 网站与网页的概述

网络最大的特点是资源共享。浏览者登录网站后，可轻松利用网络资源。浏览者只需要打开电脑，单击浏览器，输入网站网址，网站的信息就会呈现在眼前。接着，浏览者只要在相关信息处单击鼠标就可以获取有用信息，如查看新闻，天气或者娱乐休闲等。图1-1中的网站是国内访问量排名较前的网站。

图1-1 热门网站首页

仍有很多网民，虽然他们的网龄很长，但可能根本不知道"网址"、"网站"等概念，也可能不了解网页与网站又有何区别等。比如，人们记住的是"百度"，能够在地址栏中输入"baidu"进入百度网站，但可能仍不明白".com"、"www"的意思。

1.1.1　网页的基本元素

网站的基本元素是网页，一个网站包含多个网页。构成网页的基本元素包括标题、网站LOGO、页眉、页脚、主体内容、功能区、导航区以及广告栏等。

1．标题

每个网页都会有标题，它是对网页主要内容的高度概括，一般出现在浏览器的标题栏，而非网页中，如图 1-2 所示。

2．网站 LOGO

LOGO 是网站的标志，它是网站对外宣传自身形象的工具，是一个网站最为吸引人、最容易被人记住的标志。它高度反映了网站的文化内涵和内容定位。网站 LOGO 的设计一般在网站制作初期进行，设计者从网站的长远发展角度出发，设计出最能代表网站，能长时间使用的 LOGO。LOGO 被放置在网站中醒目的位置，目的是要使其突出，容易被人识别与记忆，如图 1-2 所示。目前，大部分 LOGO 的设计是文字加字母的形式。

3．页眉

页眉一般出现在网页的最上端，但并是所有的网页都有页眉部分。页眉处于页面最明显的位置，所以可能比较容易引起浏览者的注意，很多网站都在页眉中设置宣传本网站的内容，如网站宗旨、网站 LOGO 等，也可以放置 Banner 广告条，如图 1-3 所示。

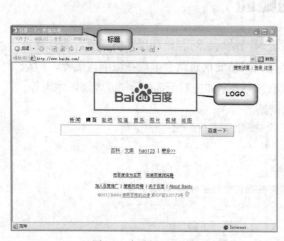

图 1-2　标题和 LOGO

图 1-3　导航栏、页眉和页脚

4．主体内容

网页中最核心的元素为主体内容，主体内容可以包含网页所要传达的所有信息，也可以由下一级页面的标题等制作的超链接构成。主体内容借助超链接，能更好地概括几个页面所表达的内容，而且通过这种方式，能包含海量的信息。特别地，首页的主体内容更是能在一个页面中高度概括整个网站的内容，如图 1-4 所示。

图 1-4　页面的主体内容等元素

主体内容一般由文本、图片、超链接等元素构成。为了丰富网站，吸引浏览者的目光，网站的主体内容中还加入了视频、音频、Flash 等多媒体元素，使得整个页面看上去更有动态效果。主体内容的内容分布则根据人们的阅读习惯（由上至下、由左至右）而安排。

5．页脚

网页的最底端部分被称为页脚，页脚部分通常用来介绍网站所有者的信息或者联络方式，如地址、联系方式、版权信息等。其中页脚的部分内容被设计成超链接，目的是引导浏览者进一步了解详细的内容。某些网站在页脚部分除上述内容外，还增加了导航内容，这种方式在首页内容过多的情况下很适用。好处是浏览者不必滑动滚动条，即可直接选择栏目，易用性强，如图 1-3 所示。

6．功能区

功能区是网站主要功能的集中表现。一般位于网页的右上方或右侧。功能区包括：搜索、用户名注册、登录网站等内容。有些网站如 http://123.sogou.com/，使用了 IP 定位功能，能够定位浏览者所在地，然后在功能区显示当地的天气、新闻等个性化信息。

7．导航栏

导航栏的目的是能够快速跳转到相应的页面，这对于浏览者浏览页面有很大的帮助。导航栏的位置不固定，可以位于页面左侧、右侧、顶部和底部。一般网站使用的导航栏都是单一的，但是也有一些网站为了使网页更便于浏览者操作，增加可访问性，往往会采用多导航技术，如当当网站采用了左侧导航与顶部导航相结合的方式。但是无论采用几个导航栏，同一网站中的每个页面的导航栏位置都大致相同，从而保持网站风格的一致性。图1-3的页面在顶部设计了一个导航栏。

8．广告区

广告区是网站实现盈利或自我展示的区域，一般位于网页的页眉、右侧和底部，如图1-4所示。广告区内容以文本、图像、Flash动画为主，通过吸引浏览者单击链接的方式达到广告效果。

1.1.2　网页布局

当浏览者单击鼠标在网海中遨游，一张张精彩的网页会呈现在浏览者的眼前。那么，什么因素会影响网页的精彩？色彩的搭配、文字的变化、图片的处理等，这些当然都是不可忽略的因素，但除了这些之外，还有一个非常重要的因素——网页的布局。将网页的元素安排在网页适当的位置，就形成了网页的整体布局。表1-1列举了常见的几种网页布局。

表1-1　　　　　　　　　　　　　常见的网页布局

布 局 类 型	布 局 方 式
“国”字型	网站的上面是标题及横幅广告，然后是网站的主体部分，在主体部分的左右分别列一些小条，中间是主要内容，下面是一些网站的信息，如版权信息。举例：人民网、网易等
拐角型	它是“国”字型的变型，网站上面是标题广告，左侧是导航栏，右侧是主体部分，下面是网站的信息。举例：中国化工网等
标题正文型	上面是标题，下面是主体部分。如一些文章页面或注册页面等
左右框型	左边是导航栏，右边是正文。有时最上方会有一个小标题。如大型论坛、企业网站等
上下框型	与上面类似，区别仅在于上面是导航栏，下面是正文
综合框架型	左右、上下两种框架结构的结合
封面型（Flash型）	精美的平面或动画作为首页。如百度等

当然，进行网页布局时不能千篇一律，布局设计主要是根据网站内容和建站目的等基本要素而决定的。布局的过程要做到不是仅仅简单地将各种元素堆积在网页，而是为网页建立秩序。在进行网页布局时，可以先在纸上形成版式草图，如图1-5所示，然后选择最佳方案作为网站布局，继而对该方案进行细化，形成网站最终的布局图，如图1-6所示。设计者根据最终的布局图可以更快捷地插入页面元素，设计页面效果。

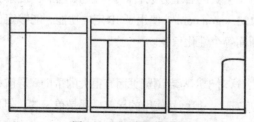

图1-5　页面布局构思草图

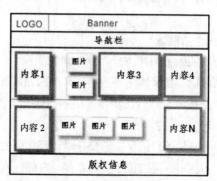

图1-6　细化后的布局方案图

1.1.3　色彩搭配

　　网站的整体视觉效果在网站布局方案确定之后就形成了雏形，因为网站的信息已经做了较为合理的安排。接下来要考虑如何吸引浏览者对网站的注意，而让浏览者能花更多的时间停留在该网站上，这就涉及了影响网站的整体视觉效果的另一个因素——网页的色彩搭配。网页的色彩搭配决定了浏览者对该网站的第一印象，因此，设计网页需要在色彩的使用上深思熟虑，不仅要与网站风格匹配，而且还要突出网站的个性。如图 1-7 中的页面虽然色彩活跃，但搭配恰当。

图 1-7　网页欣赏

　　对色彩进行搭配前，需要了解以下关于色彩的知识。

　　① 色彩。

　　红、黄、蓝三种色彩可以调和其他的色彩，因此把它们称为三原色。网页中的色彩表达即是用这三种颜色的数值表示，例如：红色是 RGB(255,0,0)，十六进制的表示方法为(FF0000)。我们经常看到的"bgColor=#FF0000"就是指背景色为红色。

　　颜色分非彩色和彩色两类。非彩色是指黑，白，灰三种系统色，彩色是指除了非彩色以外的所有色彩。根据专业的研究机构研究表明：彩色的记忆效果是黑白的 3.5 倍。也就是说，在一般情况下，彩色页面与完全黑白页面比较，彩色页面更加能吸引人。

　　任何色彩都有饱和度和透明度的属性，属性的变化会产生不同的色相，所以至少可以制作几百万种色彩。

　　② 色调。

　　➤ 暖色调——可使主页呈现温馨、和煦、热情的氛围。该色调代表：红色、橙色、黄色等色彩的搭配。

　　➤ 冷色调——可使主页呈现宁静、清凉、高雅的氛围。该色调代表：青色、绿色、紫色等色彩的搭配。

　　➤ 对比色调——把色调完全相反的色彩搭配在一空间里。如：红与绿、橙与蓝可以产生强烈的视觉效果，给人亮丽、鲜艳、喜庆的感觉。

　　③ 色彩的心理感觉。

　　不同的颜色会给浏览者带来不同的心理感受，每种色彩在饱和度、透明度上略微变化就会产生不同的感觉。表 1-2 列举了一些常用颜色给人带来的感觉。

表 1-2   色彩的含义

色　彩	积极的含义	消极的含义
红色	热情、亢奋、激烈、喜庆、革命、吉利、兴隆、爱情、火热、活力	危险、痛苦、紧张、屠杀、残酷、事故、战争、爆炸、亏空
橙色	成熟、生命、永恒、华贵、热情、富丽、活跃、辉煌、兴奋、温暖	暴躁、不安、欺诈、嫉妒
黄色	光明、兴奋、明朗、活泼、丰收、愉悦、轻快、财富、权力	病痛、胆怯、骄傲、下流
绿色	自然、和平、生命、青春、畅通、安全、宁静、平稳、希望	生酸、失控
蓝色	久远、平静、安宁、沉着、纯洁、透明、独立、遐想	寒冷、伤感、孤漠、冷酷
紫色	高贵、久远、神秘、豪华、生命、温柔、爱情、端庄、俏丽、娇艳	悲哀、忧郁、痛苦、毒害、荒淫
黑色	庄重、深沉、高级、幽静、深刻、厚实、稳定、成熟	悲哀、肮脏、恐怖、沉重
白色	纯洁、干净、明亮、轻松、朴素、卫生、凉爽、淡雅	恐怖、冷峻、单薄、孤独
灰色	高雅、沉着、平和、平衡、连贯、联系、过渡	凄凉、空虚、抑郁、暧昧、乏味、沉闷

网页采用的色彩除了要考虑颜色给人带来的感观效果之外，还要考虑网页中的色彩搭配。色彩搭配可从以下几个方面考虑。

➢ 色彩的鲜明性。网页的色彩要鲜艳，这样更容易引人注目。

➢ 色彩的独特性。要有与众不同的色彩，使得浏览者对网站的印象深刻。

➢ 色彩的合适性。色彩与网站所表达的内容相匹配。

➢ 色彩的联想性。不同色彩可能会有不同的联想，选择的色彩要和网页的内涵有一定的关联。

总之，网页应用色彩应遵循的原则是"总体协调，局部对比"。特别地，网页颜色尽量控制在三种色彩以内，不需要把所有的颜色都用到；同时，背景颜色和网页文字的颜色对比尽量要大，但也不可用花纹繁复的图案作背景，这样不便突出文字内容。网页色彩处理得好的话可以使页面锦上添花，达到事半功倍的效果。

1.2　任务 1——认识网页与网站

1.2.1　任务与目的

1. 任务

打开任何一网站，如 www.sina.com.cn，观察整个网站的组成元素及网页的布局等。

2. 目的

了解网站所涉及的基本知识，如网页与网站的关系、IP 地址等。

1.2.2　相关概念介绍

1. 网页

网页（Web Page）是网站的某一个页面。它是一个纯文本文件，以超文本和超媒体为技术，采用 HTML、CSS、XML 等语言来描述组成页面的各种元素，通过浏览器向浏览者呈现网页的各种内容。网页存放在 Internet 中的某台计算机中，通常的扩展名有.htm、.html、.jsp、.asp、.aspx 等。

2. 网站

网站（WebSite）是指在互联网上，根据一定规则所组织的一组具有共同内容的网页文件集合，访问某个网站（或站点）实际上访问的是提供这种服务的一台或多台计算机。网站的网页文件以文件夹的形式存储在服务器中，如图 1-8 为某个网站对应的文件夹，文件夹中包括网站所需的各种文件。

图 1-8　网站文件夹

3. HTML 与 XHTML

HTML（HyperText Mark-up Language）也称超文本标记语言，它是构成网页文档的主要语言。通过 HTML 标签，可以将文字、图形、动画、声音、表格、链接等组织在网页里。单击浏览器的“查看”菜单的“查看源文件”命令可查看该页面的 HTML 代码，如图 1-9 所示，左边窗口是页面的最终效果，右边是利用记事本显示的页面对应的 HTML 代码。

图 1-9　页面及相应的 HTML 代码

XHTML（Extensible HyperText Markup Language）也称为可扩展超文本标记语言。HTML 是

一种基本的 Web 网页设计语言，但由于它的可扩展性和灵活性差，可能无法适应未来网络应用的更多需求，而 XHTML 是在 HTML 的基础上进行优化和改进的语言。XHTML 相对于 HTML 更严谨，它是基于 XML 的标记语言，同时它在实现 HTML 向 XML 过渡时期中扮演着重要的角色。

4．浏览器的作用

浏览器是 Web 服务的客户端程序，常用的浏览器有 IE、Firefox、Opera、360 浏览器、腾讯 TT 等。浏览器主要通过 HTTP 协议与网页服务器交互并获取网页，浏览器负责解释网页中 HTML 代码等，然后将内容显示给浏览者。

5．IP、域名及 DNS、URL

➢ IP

尽管互联网上连接了无数的服务器和计算机，但每一个主机都有唯一的地址，作为该主机在互联网上的唯一标志，通常称之为 IP 地址。

IP 地址通常用 4 个十进制数表示，每个数字的大小范围在 0～255 之间，数字之间用 "." 分隔，如新浪服务器其中的一个 IP 地址为 66.77.9.79。

➢ 域名及 DNS

域名（Domain）的作用是为了摆脱 IP 数字的单调和难记的缺点，通过形象的文字来代表该主机，这些形象的文字就是主机的域名。域名用 "." 将各级域名分隔，如百度的域名 www.baidu.com，其中 com 是其顶级域名，baidu 是其二级域名，www 是其三级域名。

DNS（Domain Name System）也称为域名系统。它是一个命名系统，包括按命名规则产生的域名管理和域名与 IP 地址的对应方法。在 Internet 上几乎每个子域都存在域名服务器，该服务器会包含该子域的全体域名和 IP 信息，通过 DNS 系统，能将该子域中所定义的域名与所包含的 IP 地址进行有效的转换。

➢ URL

Internet 上所有的资源都有一个唯一的 URL 地址，一般将 URL 地址称为网址。URL 的完整格式如下：协议://主机名（或 IP 地址）:端口号/路径名/文件名，如 http://tieba.baidu.com/i/198484445。

协议：指定在 Internet 上使用的传输协议，最常用的是 HTTP 协议，它也是目前 WWW 中应用最广的协议。

主机名：是指存放资源的服务器的域名或 IP 地址。特别地，某些服务器主机需要用户名与密码才能访问。

端口号：它是一个整数，如果端口省略表示采用默认端口，否则需要增加端口号。所有的传输协议都有默认的端口号，如 HTTP 的默认端口为 80。

路径名：由零个或多个 "/" 符号隔开的字符串，一般用来表示主机上的文件地址。

文件名：表示访问的文件名称。

6．网站分类

目前，常见的网页有静态网页和动态网页两种。静态网页指基本上全部使用 HTML 语言制作的网页，通常以.htm、.html、.shtml、.xml 等形式为后缀。这类页面的内容是固定不变的，页面的交互性差，功能受到很大的限制，而且后期维护比较困难。动态网页采用动态网页技术与 HTML 进行有机的结合，使静态的 HTML 网页变成动态。动态网页具有更好的交互性等特点，文件的扩展名通常为.aspx、.jsp、.php 等。

而网站根据用途的不同，又可以分为以下几种：

> ➢ 门户网站

这类网站是一种综合性网站，涉及的内容包含文学、音乐、影视、体育、新闻和娱乐等方方面面的内容，具有论坛、搜索等功能。国内较著名的门户网站有搜狐（www.sohu.com）、网易（www.163.com）等。

> ➢ 个人网站

个人网站具有较强个性化特征，是以个人名义开发创建的网站，其内容、样式、风格等都是非常有个性的，如博客等。

> ➢ 专业网站

这类网站具有很强的专业性，通常只涉及某一个领域，内容专业。如榕树下网站（www.rongshuxia.com）即是一个专业文学网站。

> ➢ 职能网站

职能网站具有专门的功能，如政府职能网站等。电子商务网站也属于这类网站，如阿里巴巴（china.alibaba.com）、当当网（www.dangdang.com）等。

1.3　任务 2——站点的建立

1.3.1　任务与目的

1．任务

打开网页编辑工具 Dreamweaver CS5；创建本地站点，通过"站点向导"进行站点定义，并向站点添加文件和文件夹；关闭 Dreamweaver CS5。

2．目的

了解网页编辑工具 Dreamweaver CS5，掌握其工作界面；掌握站点的创建和管理方法。

1.3.2　操作步骤

要维护一个网站，首先需要在本地磁盘上制作修改网站的文件，然后把这个文件上传到互联网的 Web 服务器上，从而实现网站文件的更新。

1．Dreamweaver CS5 的启动

Dreamweaver CS5 安装成功后，启动 Dreamweaver CS5（后简称 DW）主要的方法有两种：

（1）从"程序"项启动。单击任务栏中的"开始"按钮，选择"程序"菜单→Adobe Dreamweaver CS5 项，启动 DW。

（2）通过桌面快捷方式启动。用户可以在桌面上为 DW 建立快捷图标 Dw，双击快捷图标 Dw，也会启动 DW。

2．设置站点

设置 Dreamweaver 站点是一种组织所有与某 Web 站点关联的文档的方法。网站设计者可在"站点设置"对话框中为 Dreamweaver 站点指定设置。

站点既可以是本地的站点，也可以是远程的站点。

定义一个本地站点。

新建本地站点，主要有 3 种方式。

① 启动 DW，在启动窗口中单击菜单栏的"站点"菜单，选择"新建站点"命令，如图 1-10 所示。

② 单击"站点"菜单中的"管理站点"，单击"新建"按钮，如图 1-11 所示。

③ 单击"欢迎"屏幕中的"新建"→"Dreamweaver 站点"命令，如图 1-10 所示。

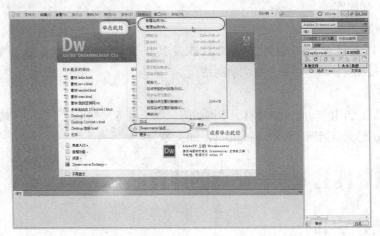

图 1-10　DW 启动界面

图 1-11　管理站点对话框

弹出"站点设置对象"对话框，如图 1-12 所示。在对话框中设置站点对象的一些参数。具体包括以下几点。

➢ 指定本地站点位置

① 站点名称：即网站名称，必填项。它是显示在"文件"面板和"管理站点"对话框中的名称，但该名称不会在浏览器中显示，如图 1-12 所示。

② 本地站点文件夹：即存放站点文件的本地文件夹，它是必填项。单击文件夹图标（📁）可浏览选择文件夹，如图 1-12 所示。

当 Dreamweaver 解析站点根目录相对链接时，它是相对于该文件夹来解析的。

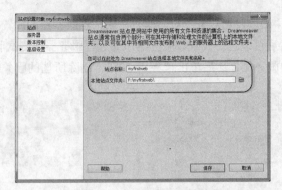

图 1-12　站点设置对象对话框

➤　设置本地或网络连接的选项

"服务器"类别允许您指定远程服务器和测试服务器。运行远程或测试服务器需单击上图的服务器选项进行相应的设置。

单击"站点设置对象"对话框中的"服务器"类别选项，界面如图 1-13 所示。执行下列操作之一可以为站点添加远程服务器或测试服务器：

① 单击"╋"添加新服务器按钮，可以为站点添加一个新服务器。

弹出服务器基本和高级设置界面，如图 1-13 所示。

在"基本"选项中，包括以下的设置：

A．在"服务器名称"文本框中，指定新服务器的名称。该名称可以是所选择的任何名称。

B．从"连接方法"弹出菜单中，选择"本地/ 网络"。其他常用的连接方法还有：FTP、SFTP等，如图 1-14 所示。

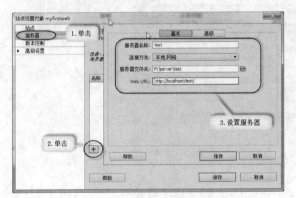

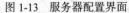

图 1-13　服务器配置界面

图 1-14　连接方法的选择

C．单击"服务器文件夹"文本框旁边的文件夹图标（▭），浏览并选择存储站点文件的文件夹。

D．在"Web URL"文本框中，输入 Web 站点的 URL（例如，http://www.mysite.com）。Dreamweaver使用 Web URL 创建站点根目录相对链接，并在使用链接检查器时验证这些链接。

在"高级"选项设置中，如果网站采用了动态网站技术，则需要设置测试服务器选择相应的模型。

E．在"服务器模型"选择所需的选项，图 1-15 所选择的站点开发模型是 ASP.NET，开发语言为 C#。

单击"保存"返回"站点设置对象"对话框，完成站点服务器的设置。

特别地，添加服务器后可以选择设置该服务器作为远程服务器或测试服务器，如图 1-16 所示。

② 选择一个现有的服务器，然后单击"▬"按钮，删除所选的服务器，如图 1-16 所示。

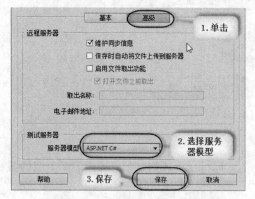

图 1-15 站点服务器的高级设置

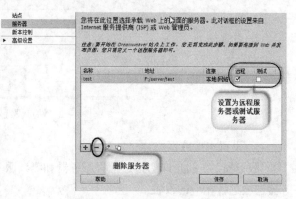

图 1-16 添加完成的服务器

③ 选择一个现有的服务器，然后单击"✐"按钮，编辑所选择的服务器。

④ 选择一个现有的服务器，然后单击"⚏"按钮，复制所选择的服务器。

➢ 站点的高级设置

在"站点设置对象"对话框的"高级设置"选项中可以设置一些其他的参数，如"本地信息"选项中可设置网站图像存放的文件夹，便于对图片进行统一管理，如图 1-17 所示。

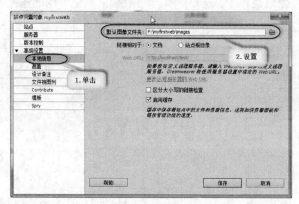

图 1-17 站点高级设置界面

单击"保存"，完成站点参数的设置，返回到"管理"站点对话框，单击"完成"按钮，名称为"我的第一个网站"的站点就在 DW 的"文件"面板中显示出来了。

3．在当前站点中添加文件、文件夹

站点创建完成后，站点中除了根目录文件夹之外没有其他内容，那么如何给站点文件添加文件页面或文件夹呢？

➢ 添加文件

在站点添加文件的方法有多种，在此列举以下 3 种。

方法一：选择"文件"→"新建"菜单命令。在"新建文档"对话框的"空白页"类别中，从页面类型列选择"HTML"类型，布局选择"无"，单击"创建"完成。

方法二：启动 DW 程序，弹出"欢迎"屏幕界面，选择"新建"→"HTML"命令，如图 1-18 所示，新建一个 HTML 文档。

方法三：单击"窗口"菜单的"文件"命令，显示文件面板。在"文件"面板上右键单击"站点"，在弹出的菜单中选择"新建文件"命令，如图 1-19 所示。

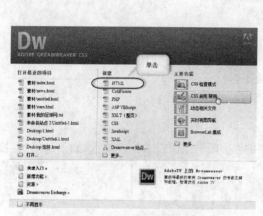

图 1-18　"欢迎"屏幕新建文件

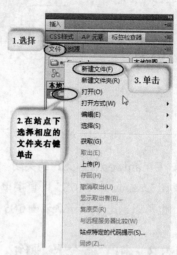

图 1-19　"文件"面板新建文件

静态网页文件常用的扩展名为.htm 或.html。生成文件页面后，默认的文件名为 untitled.html，可对其重命名，并注意保存，养成随时进行保存的习惯。

➤ 添加文件夹

方法一：选择站点，右键单击选择"新建文件夹"命令，文件夹创建好后可对其重命名，如图 1-20 所示，在站点中创建了名称为"images"文件夹。

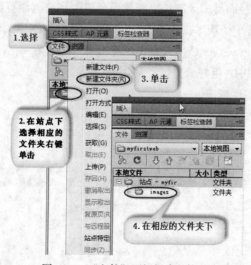

图 1-20　"文件"面板新建文件夹

方法二：在站点对应的根目录文件夹下建立文件夹。具体操作为：进入磁盘找到"我的第一个网站"文件夹，在其中建立名为"news"文件夹，如图 1-21 所示。完成后在 DW 文件面板中单击刷新按钮" C "，新建的文件夹显示在站点列表中，如图 1-22 所示。

图 1-21 站点根目录新建文件夹

图 1-22 刷新站点

4. Dreamweaver CS5 的关闭

关闭 Dreamweaver CS5 可直接单击标题栏的"关闭"按钮，或者选择"文件"菜单→"退出"命令，也可以退出 Dreamweaver CS5 软件。

1.3.3 相关概念及操作

1. 认识 Dreamweaver

全球最大的图像编辑软件供应商 Adobe 以换股方式收购了软件公司 Macromedia，而 Macromedia 是著名的网页设计软件 Dreamweaver 及 Flash 的供应商。自此，Dreamweaver 开始属于 Adobe 设计软件系列。

Dreamweaver 是建立 Web 站点和应用程序的专业工具，它与 Fireworks，Flash 并称"网页三剑客"。设计师利用它可以轻而易举地制作出跨越平台限制和跨越浏览器限制的充满动感的网页。

Dreamweaver 经过了若干个版本，直至 2010 年全球最大的图像编辑软件供应商 Adobe 发布了 Dreamweaver CS5。Dreamweaver CS5 最突出的亮点有 3 处：第一，对 CMS 的支持功能；第二，对 CSS 的校验；第三，对 PHP 更好的支持。

2. Dreamweaver 的工作界面

启动 DW，DW 的工作界面由菜单栏、文档工具栏、状态栏、面板组等部分组成，如图 1-23 所示。

图 1-23 Dreamweaver 的工作界面

➢　工作区切换器：快速地从一种工作环境切换到另一种工作环境。Dreamweaver CS5 中主要有以下几种适合不同人员的工作环境：应用程序开发人员、应用程序开发人员（高级）、经典、编码器、编码人员（高级）、设计器、设计人员（紧凑）、双重屏幕。这样的设计目的是让开发小组的不同人员能够根据自己的环境喜好进行工作。

➢　菜单栏：位于窗口的顶端，可以在菜单栏中选择相应的命令完成操作，几乎所有的功能都可以通过菜单来实现。

➢　文档工具栏：选择“查看”菜单→“工具栏”→“文档”命令，打开文档工具栏。该工具栏主要包括代码视图、拆分视图、设计视图、实时代码、实时视图等按钮，还包括一些常用工具（如浏览器预览）等。

➢　文档编辑区：显示和编辑文档页面。有三种不同的显示和编辑方式：代码视图、设计视图以及代码与视图同时显示的拆分视图，用户可以通过文档工具栏的视图按钮快速切换到相应的视图。

➢　标签选择器：位于状态栏。在标签选择器中可以快速地选择标签，从而选中文档中的内容。标签选择器反映了当前选定内容的标签的层次关系。

➢　状态栏：位于窗口的底部，显示当前文档的某些状态及一些工具，如文档的编码、文档的大小等。

➢　属性面板：选择“窗口”菜单→“属性”命令，打开属性面板。不同的对象具有不同的属性，在属性面板中可以对所选对象进行查看或编辑。

➢　面板组：选择“窗口”菜单中的相应命令，打开相应的面板。用户利用面板组可以快捷地修改文档。主要的面板如：CSS 面板、文件面板等。这些面板可以展开和折叠，用户可以将面板置于任何位置，也可关闭不需要的面板。

3．站点

一个站点（Site）对应磁盘上的一个文件夹，它存储了一个网站包含的所有文件。DW 的使用是以站点为基础的，必须为每一个要处理的网站建立一个本地站点。

DW 站点是文件和文件夹的集合，对应于网络服务器上的 Web 站点，它提供了一种组织所有Web 站点相关联的文档方法。可以利用 DW 将站点上传到服务器，自动跟踪和维护链接、管理文件以及共享文件。

建立站点前，应该对站点目录结构进行规划，这样能更好地在以后的网站建设中管理网站，因为网站的目录结构的好坏对站点的维护、扩充等都有着重要的影响。特别地，最好尽可能减少根目录的文件存放数，可以按栏目内容建立子目录。图 1-24 是站点的树状目录结构，图 1-25 则为站点在 DW 中实际的组织形式。

图 1-24　站点树状目录结构

图 1-25　站点在 DW 的组织

1.4　本章小结

　　本章首先重点介绍了网页包含的基本元素、网页的布局以及网页的色彩搭配，这些内容是从宏观上考虑网站的整体视觉效果，网页的布局决定了网站中的信息在网页中安排是否合理，而色彩搭配决定了浏览该网站的第一印象，带来的视觉冲击。然后任务驱动详细阐述了网站中的所涉及的基本知识，认识了 Dreamweaver CS5 的工作环境，并利用该软件进行站点的创建及管理。站点的建立和管理是做网站的基础，对以后的网页设计与制作的学习会带来很大的方便，所以掌握站点的建立与管理是非常重要的。

第2章

XHTML 与 Dreamweaver 基本操作

本章主要介绍如何利用 Dreamweaver CS5 在网页中添加基本的网页元素以及如何对元素的属性进行设置，其中，基本的网页元素包括文本、图像、超链接、表格、表单、框架、多媒体及 AP Div 等。通过本章的学习，学习者能掌握一个基本网页的制作。

2.1 XHTML 概念

网页编辑软件（Dreamweave 等）使网页制作变得很简单，但当网页中出现一些错误时，可能就只能通过修改源代码来改正这些错误了。而网页中的源代码包含大量 XHTML 的内容，因此学习者需要了解 XHTML 语言。

XHTML 指可扩展超文本标签语言（EXtensible HyperText Markup Language），是 HTML 与 XML（可扩展标记语言，Extensible Markup Language）的结合。

2.1.1 认识 XHTML

XHTML 于 2000 年 1 月 26 日成为 W3C 标准，是更严格更纯净的 HTML 版本，与 HTML 4.01 兼容。XHTML 要求使用 XML 语法，是一种比较规范的文档。XHTML 规定元素必须合理嵌套，所有的 XHTML 元素都必须既有开始标签又有结束标签，所有属性都必须使用小写字母，所有元素也必须使用小写字母，所有属性值都必须加引号。

在 Dreamweaver 中新建一个空白的 HTML 页面，单击"代码"按钮，从"设计"视图切换到"代码"视图，可以看到以下新建后自动生成的 XHTML 代码。

```
<!DOCTYPE html PUBLIC "-//W3C//DTD XHTML 1.0 Transitional//EN"
"http://www.w3.org/TR/xhtml1/DTD/xhtml1-transitional.dtd">
<html xmlns="http://www.w3.org/1999/xhtml">
<head>
<meta http-equiv="Content-Type" content="text/html; charset=gb2312" />
```

```
<title>无标题文档</title>
</head>
<body>
</body>
</html>
```

➢ <!DOCTYPE>

该部分代码位于文档的最前面的位置，是文件类型的申明，告知浏览器文档应该使用哪种 HTML 或 XHTML 规范，即浏览器如何解释文档才能正确呈现给浏览者访问。

HTML 页面包含 3 对基本标签，即<html>标签、<head>标签及<body>标签。页面以<html>标签开始，</html>标签结束，中间嵌套头部<head>标签和主体<body>标签。

➢ <html>与</html>标签

该组标签限定了文档的开始点和结束点。xmlns（XML NameSpace 的缩写）是 html 元素的属性，它定义了文档的命名空间。xmlns 属性在 XHTML 中是必需的，默认值为 http://www.w3.org/1999/xhtml，该值自动生成。而在 HTML 中不要求有该属性。

➢ <head>与</head>标签

该组标签用于定义文档的头部，描述了文档的各种属性和信息，包括文档的标题、在 Web 中的位置以及和其他文档的关系等。

➢ <body>与</body>标签

该组标签用于表示网页的主体部分，也就是浏览者可以从网页上看到的内容，网页可以包含文本、图片、音频、视频等各种内容。如果文档为空白文档，在<body>与</body>间将不会出现任何内容。

2.1.2　常见的 XHTML 标签

网页中可以包含文字、图片、表格、声音等各种元素，因此有各种各样的标签来描述这些元素。特别地，不同的元素可能以不同的方式呈现给浏览者，所以标签又将会有不同的属性与之对应。浏览器则对这些标签及属性进行解释并生成页面，于是就得到现在所看到的各式各样的网页效果。

常用的 XHTML 标签主要包括以下几类。

1．基本标签

这类标签是网页的基本元素，主要包括以下几个。

➢ <style>：样式标签，用于定义 HTML 文档的样式。

➢ <h1>～<h6>：标题标签，<h1>～<h6>可以用来定义文档中不同等级的标题。其中，h 后接的数字越小，字体大小越大，反之，字体大小越小。

➢ <p>：段落标签，用于定义文档的段落。

➢ <hr>：水平线标签，作用是在文档中插入水平线，起分隔内容的作用。

➢
：换行标签，在文档中插入一个换行。

➢ <!--注释的内容-->：注释标签，用来在文档中插入注释，但注释会被浏览器忽略。

➢ <div>：块容器标签，用来定义文档中的分区或节。Div 中可以包含段落、标题文字、列表、表格、表单等多个部分，用于在 HTML 文件中建立逻辑结构，主要用于网页布局。

➢　<span>：行容器标签，主要用来对行内元素进行分组或标识，类似于 div 标签。

2．文本标签

这类标签主要用于格式化文本。主要包括以下几个。

➢　<b>：显示粗体文本的效果。

➢　<i>：显示斜体文本的效果。

➢　<em>：将文本定义为强调的内容，实际效果类似于斜体文本。

➢　<big>：呈现大号字体的效果。

➢　<strong>：将文本定义为更强调的内容，实际效果类似于粗体文本。

➢　<small>：呈现小号字体的效果。

➢　<sup>：可定义文本上标，如页面要显示类似于 "a^2" 的文本。

➢　<sub>：可定义文本下标，如页面要显示类似于 "a_1" 的文本。

3．超链接标签

<a>标签用于创建网页中的超链接。该标签有两个重要属性：href 属性和 name 属性。使用 href 属性创建网页到网页之间的链接，使用 name 属性创建本页面内部的一个锚点。

4．列表标签

创建列表主要有以下几个相关的标签。

➢　<ul>：无序列表标签，定义一个无序列表，标签只能包含<li>标签，列表项通过项目符号排列项目。

➢　<ol>：有序列表标签，定义一个有序列表，标签只能包含<li>标签，列表项通过编号排列项目。

➢　<li>：列表项标签，表示列表中的项目。

➢　<dl>：定义列表标签，定义一个定义列表。

➢　<dt>：定义定义列表中的项目。

➢　<dd>：在定义列表中定义条目的定义部分。

5．图像标签

<img>图像标签：XHTML 中使用该标签在页面中定义图像。该标签在使用时有两个必选属性：src 和 alt，其中 alt 表示图像的替代文本，src 则规定显示图像的 URL。

6．表格标签

表格是传统网页布局的常用标签，它允许我们把各种内容、数据放在表格单元格内。创建表格一定包含下面三个标签。

➢　<table>：表格标签，用来定义 HTML 表格。

➢　<tr>：表格行标签，定义 HTML 表格中的行。

➢　<td>：单元格标签，定义 HTML 表格中的标准单元格。

7．框架标签

➢　<frameset>：框架集标签，可以在页面上定义一个框架集。该标签将页面划分成多个框架，每个框架都是独立的，可以显示不同的文档。

➢　<frame>：框架标签，定义框架集中的一个框架。

8．表单标签

当需要用户编辑输入数据或者说让使用者与网站能够交换信息，彼此沟通时，XHTML 使用表单元素。表单标签主要有以下几个：

➢ <form>：表单标签，用来在页面上创建表单。

➢ <input>：主要用来生成表单中用户输入区域的元素。通过 type 属性指明具体元素类型，如文本框、密码文本框、单选按钮等。

➢ <select>：列表/菜单标签，用于创建 HTML 中的列表框或下拉菜单。与<option>标签结合使用。

➢ <option>：选项标签，用来定义列表或下拉菜单中的一个选项。

➢ <textarea>：文本区域标签，定义 HTML 页面中的多行文本框。

2.1.3　页面头部信息

网页的头部信息，是为浏览器和搜索引擎而写的，它往往不会被直观的显示在页面中，是用户不可见的，在<head>标签部分定义。主要的头部标签有<meta>、<title>、<style>、<link>。

1．<meta>标签

<meta>标签可提供有关页面的元信息（meta-information）。<meta>可以用来帮助主页被各大搜索引擎登录，定义页面的使用语言，自动刷新并指向新的页面，实现网页转换时的动画效果以及控制网页显示的窗口等。

有代码如下：

```
<meta http-equiv="Content-Type" content="text/html; charset=utf-8" />
<meta http-equiv="Refresh" content="5;url=http://www.163.com">
<meta http-equiv="Expires" content="Mon,12 May 2021 00:20:00 GMT">
<meta name="keywords" content="XHTML,Dreamweaver,source codes">
<meta name="description" content="XHTML 与 Dreamweaver">
<meta name="author" content="Dreamweaver cs5.com.cn" />
<meta name="generator" content="Dreamweaver cs5" />
```

<head></head>标签内可以添加多行<meta>元素。<meta>标签的属性定义了与文档相关联的名称/值对，其主要属性如下所示。

➢ content 属性：必选属性，用来定义与 http-equiv 或 name 属性相关的元信息。

➢ http-equiv 属性：此属性用来代替 name，http 服务器通过此属性收集 HTTP 的响应头报文，头报文的值应使用 content 属性描述。

➢ name 属性：HTML 和 XHTML 标签都没有指定任何预先定义的<meta>名称，通常情况下，我们可以自由使用对自己或对源文档的读者来说富有意义的名称。表 2-1 说明了 http-equiv 属性和 name 属性的一些常用取值。

表 2-1　　　　　　　　　http-equiv 属性和 name 属性的常用取值

属　　性	值	描　　述
http-equiv（把 content 属性关联到 HTTP 头部）	content-type	文档的类型
	expires	用于设定网页的到期时间，一旦过期则必须到服务器上重新调用
	refresh	让网页在指定的时间内，跳转到指定页面
	set-cookie	cookie 设定

属　　性	值	描　　述
Name（把 content 属性关联到一个名称）	author	站点的制作者
	description	说明站点的主要内容
	keywords	向搜索引擎说明网页的关键词
	generator	用以说明生成工具

2．<title>标签

标题是最常用的页面头部信息，是<head>标签中唯一要求包含的元素。它不显示在 HTML 网页正文里，而是显示在浏览器窗口的标题栏。用法如下：

```
<head>
<title>文档标题</title>
</head>
```

3．<style>

<style>标签用于为 HTML 文档定义样式信息，它也是放在页面的头部。用法如下：

```
<head>
<style type="text/css">
h1 {color: red}
p {color: blue}
</style>
</head>
```

上面的代码在<style>标签中规定了<h1>标签的颜色为红色，即标题 1 的文本颜色为红色；<p>标签的颜色为蓝色，即段落中的文本颜色为蓝色。

4．<link>标签

<link> 标签的作用是链接外部文件，如链接样式表文件。<link>标签只能放在<head></head>之间，但可以多次出现。用法如下：

```
<html>
<head>
<link rel="stylesheet" type="text/css" href="/html/csstest1.css" >
</head>
<body>
<h1>标题 1 通过外部样式表进行格式化。</h1>
<p>段落也通过外部样式进行格式化! </p>
</body>
</html>
```

上面的示例说明，该 HTML 文档链接了一个名为 csstext1.css 的外部样式文件，样式文件中定义的规则会对该页面起作用。

5．Dreamweaver 设置页面头部信息操作

在 Dreamweaver 执行设置页面头部信息操作后，会自动给文档添加相应的源代码。

➢　查看头部信息

打开任一 HTML 文档，选择"查看"菜单→"文件头内容"命令，显示"文件头"窗口。窗口中有一些图标，每个图标代表的是一个头部对象，单击某个头部对象，可以打开该头部对象的属性面板，如图 2-1 所示。

➢　设置网页编码

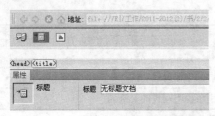

图 2-1 选中头部对象及其属性面板

新建 HTML 文档，utf-8 是默认的编码方式。如果需要修改，可以在<meta>标签中设置网页编码，也可以利用 Dreamweaver 进行网页编码的可视化操作。方法是：选择"修改"菜单→"页面属性"命令，弹出"页面属性"对话框。选择对话框的"标题/编码"类别，在"编码"下拉列表中选择合适的编码方式，如图 2-2 所示。

图 2-2 设置页面编码

单击"确定"按钮，切换到"代码"视图，可以看到<meta>标签定义编码的属性 charset 的值发生了改变。

➢ 设置文档标题

方法一：打开"文件头"窗口，单击"➡▦"标题对象，打开标题对象的属性面板。在属性面板中设置"标题"文本框后面设置标题。

方法二：选择"查看"菜单→"工具栏"→"文档"命令，打开文档窗口。在文档窗口中的"标题"文本框后面设置标题，如图 2-3 所示。

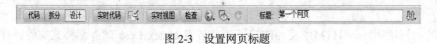

图 2-3 设置网页标题

➢ 设置网页的关键字

为网页设置关键字有利于搜索引擎寻找网页，从而提高网页的访问率。设置网页关键字的方法是：选择"插入"菜单→"HTML"→"文件头标签"→"关键字"命令，如图 2-4 所示。弹出"关键字"对话框，在对话框中的文本框中输入关键字，如图 2-5 所示，单击"确定"按钮，插入网页关键字。

切换到"代码"视图，由添加关键字操作产生的代码如下：

```
<meta name="Keywords" content="学习" />
```

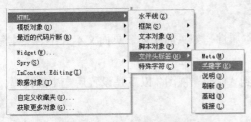

图 2-4　选择"关键字"命令

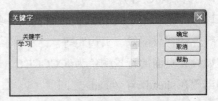

图 2-5　"关键字"对话框

> 设置网页的刷新频率

如果网页需要经常刷新，如聊天室的页面，可以设置刷新频率让浏览器每隔一段时间自动刷新网页。

设置的方法与设置关键字的方法类似，选择"插入"菜单→"HTML"→"文件头标签"→"刷新"命令，弹出"刷新"对话框，如图 2-6 所示。

对话框的主要参数含义如下。

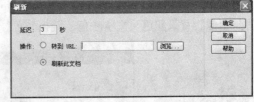

① 延迟：表示刷新的间隔时间。

② 转到 URL：表示刷新时跳转的新的页面文件路径。

图 2-6　"刷新"对话框

③ 刷新此文档：表时刷新当前网页。

切换到"代码"视图，设置网页的刷新频率产生的代码如下，意味着页面每隔 3 秒刷新一次：

```
<meta http-equiv="Refresh" content="3" />
```

2.1.4　页面属性

新建 HTML 文档后，在编辑该文档前可以对页面进行必要的设置，即页面属性的设置。单击"修改"菜单→"页面属性"，或单击属性面板中的"页面属性"按钮，弹出"页面属性"对话框。在对话框中可以设置如页面标题、背景图像、背景颜色等属性，如图 2-7 所示。

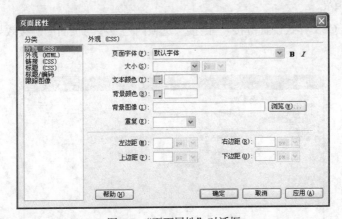

图 2-7　"页面属性"对话框

页面属性分类有外观（CSS）、外观（HTML）、链接（CSS）、标题（CSS）、标题/编码、跟踪图像。

➢ 外观（CSS）

该分类是利用 CSS 方式设置页面的一些基本属性，如页面字体、页面文本大小、文本颜色、背景颜色和背景图像、页边距等。

如设置页面的背景颜色为#CCCCCC。切换到"代码"视图，以下是设置后产生的代码，这些代码出现在<head>与</head>之间。

```
<style type="text/css">
body {
    background-color: #cccccc;
}
</style>
```

➢ 外观（HTML）

该分类是利用 HTML 的方式设置页面的一些基本属性，如图 2-8 所示。可以设置的属性包括：背景图像、背景颜色、文本颜色、链接颜色、边距等。

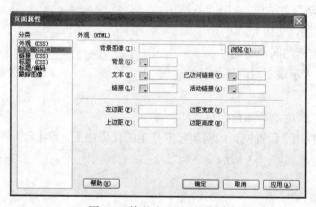

图 2-8　外观（HTML）类别

同样，利用该分类设置页面的背景颜色为#CCCCCC。切换到"代码"视图，以下是设置后产生的代码，设置的是<body>标签的属性。

```
<body bgcolor="#cccccc">
```

➢ 链接（CSS）

该分类是通过 CSS 样式设置链接。"链接"选项内是一些与页面的链接效果有关的设置，如图 2-9 所示。

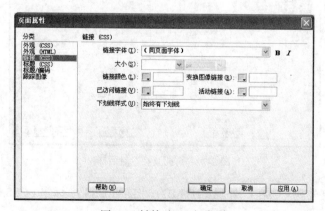

图 2-9　链接（CSS）类别

① "链接字体"定义超链接文本的字体。

② "大小"设置超链接文本的字号。

③ "链接颜色"定义超链接文本默认状态下的字体颜色。

④ "变换图像链接"定义鼠标放在超链接上时文本的颜色。

⑤ "已访问链接"定义访问过的链接的颜色。

⑥ "活动链接"定义活动链接的颜色。

⑦ "下划线样式"定义链接的下划线样式。

➢ 标题（CSS）

该分类是利用 CSS 样式设置标题字体的一些属性，如图 2-10 所示。这里的"标题"不是指页面的标题内容，而是可以应用在标题上的一种标题字体样式，可以定义"标题字体"及 6 种预定义的标题字体样式。

图 2-10　标题（CSS）类别

➢ 标题/编码

该分类主要是设置标题的内容、文档的类型及编码方式等，如图 2-11 所示。

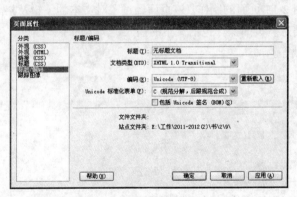

图 2-11　标题/编码类别

如果页面出现乱码的情况，则要考虑在该分类中的"编码"中选择合适的编码形式，其中常用的编码形式有简体中文（GB2312）等。

➢ 跟踪图像

该类别可以将网页布局设计的草图载入到页面之中。可以事先准备好规划好的图片，通过跟踪图像设置载入到 dreamweaver 中，然后在"透明度"中设定跟踪图像的透明度，就可以在当前网页中方便地定位各个网页元素的位置了，如图 2-12 所示。

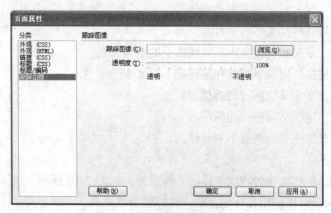

图 2-12　跟踪图像类别

使用了跟踪图像的网页在用 Dreamweaver 编辑时不会再显示背景图案，但当使用浏览器浏览时则正好相反，跟踪图像不见了，所见的就是经过编辑的网页，能够正常显示背景图像。

2.2　任务 1——文本操作

网页最重要的目的是传递信息，因此文本在网页中是必不可少的元素。文本能准确地表达信息含义，同时文本具有体积小，下载速度快，能复制保存等优点，因此文本的地位是无法被其他元素所取代的。制作网页时需要对文本进行输入与编辑。

2.2.1　任务与目的

本任务要求完成图 2-13 页面的制作。该页面经过了对文本的编辑及格式化，使得页面能够更美观、更整齐地组织信息。页面操作包括文本的输入、文本的字体颜色、生成段落和列表、插入水平线及插入特殊符号等。

图 2-13　文本页面的效果

目的：

➢ 掌握文本和特殊符号的输入；

➢ 掌握文本的属性设置；

> ➢ 掌握列表的使用；
> ➢ 掌握水平线的插入及设置；
> ➢ 掌握日期的插入；
> ➢ 掌握页面背景图像的设置。

2.2.2   操作步骤

1．建立站点，选择"文件"菜单→"新建"命令，新建空白 HTML 文件，保存为 index.html

2．切换到"设计"视图，在页面中添加文本。添加文本的方法可以直接输入文本也可以从 Word 文档中导入

导入已有的 Word 文档的具体步骤如下。

➢ 选择"文件"菜单→"导入"→"Word 文档"命令，如图 2-14 所示，弹出"导入 Word 文档"对话框，选择待导入的 Word 文件。

➢ 单击"确定"按钮，Word 文档的内容导入。特别地，含有格式的 Word 文档导入后可能部分格式仍然存在，影响页面的效果，导入前最好清除 Word 文档格式。

图 2-14   文本导入方式

导入 Word 文档后，页面的效果如下图 2-15 所示。

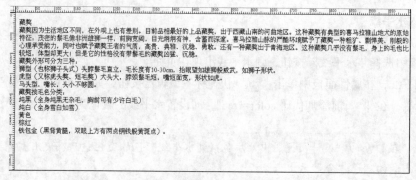

图 2-15   导入文本后的页面

3．生成文本段落

同一段落中的文本格式是统一的，如果需要在文本中创建不同的格式，则需要生成段落。

上面的步骤完成后，将视图切换到"代码"视图，如图 2-16 所示，所有的文本都包含在一个 <p>标签内，其中<p>标签表示的是页面的段落。

因此，要对页面文本生成段落，使不同段落显示出不同的格式。生成文本段落的方法为：每输入完一段文字，按【Enter】键，已输入的文本就会自动转换为段落，光标所在的位置则为新的段落的开始。

index.html 一共有 12 个段落，将光标移至需要创建段落的位置，按【Enter】键生成段落，生成段落后的页面效果，如图 2-17 所示。

```
<body>
<p>藏獒<br />
  藏獒因为生活地区不同，在外观上也有差别。目前品相最好的上品藏獒，出于西藏山南的河曲地区。这种藏獒有典型的喜马拉雅山地犬的原始特征：茂密的鬃毛像非洲雄狮一样，前胸宽阔，目光炯炯有神，含蓄而深邃。喜马拉雅山脉的严酷环境赋予了藏獒一种粗犷、剽悍美、刚毅的心理承受能力，同时也赋予藏獒王者的气质，高贵、典雅、沉稳、勇敢。还有一种藏獒出于青海地区。这种藏獒几乎没有鬃毛，身上的毛也比较短，体型却更大！但是它的性格没有带鬃毛的藏獒凶猛、沉稳。<br />
  藏獒外形可分为三种：<br />
  狮型（也称狮子头式）头脖鬃毛直立，毛长度有10-30cm，抬眼望如雄狮般威武，如狮子形状。<br />
  虎型（又称虎头獒、短毛獒）犬头大，脖颈鬃毛短，嘴短面宽，形状如虎。<br />
  马头型，嘴长，头小不够圆。<br />
  藏獒按毛色分类：<br />
  纯黑（全身纯黑无杂毛，胸前可有少许白毛）<br />
  纯白（全身雪白如雪）<br />
  黄色<br />
  棕红<br />
  铁包金（黑背黄腿，双眼上方有两点铜钱般黄斑点）。</p>
</body>
```


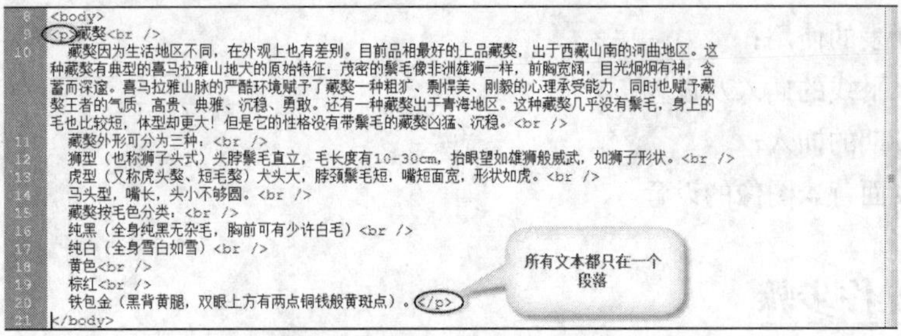

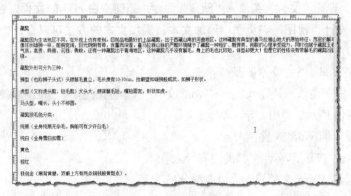

图 2-16　导入文本后对应的代码

图 2-17　生成文本段落

切换到“代码”视图，在文本后按【Enter】键后，该段文字会自动生成段落，即段落里的文本包含在<p>标签中。

4．插入水平线

将光标放入要插入水平线的位置，选择“插入”菜单→“HTML”→“水平线”命令或者在“插入”面板中选择“水平线”按钮，则水平线出现在页面上。

选中水平线，在属性面板中单击“ ”快速标签编辑器按钮，如图 2-18 所示。弹出文本框编辑<hr>标签，在“>”前添加代码 color="red"，即设置水平线的颜色为红色。

> **注意**　在 DW 的“设计”视图中无法观察到水平线颜色的变化，只有使用浏览器浏览时水平线的颜色才会显示出来。

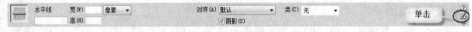

图 2-18　快速标签编辑器

切换到“代码”视图，插入的水平线对应的代码如下。

```
<hr noshade="noshade" color="red" />
```

特别地，XHTML 不建议使用<hr>的各种属性，建议用样式代替，有关样式将在第三章中阐述。

5．设置文本颜色、对齐方式等格式

➢ 将光标放在第一个段落的位置，选择属性面板中的“HTML”选项卡，在“格式”中选择“标题 1”选项，如图 2-19 所示。

图 2-19　设置文本格式

选中段落的文本，在属性面板中选择"CSS"选项卡，在"目标规则"中选择"新内联样式"，设置颜色为红色（#FFFF00），单击"≡"按钮设置文本对齐方式为居中对齐，如图 2-20 所示。创建一个内联样式，切换到"代码"视图，产生的代码为：

```
<h1 style="color: #F00; text-align: center;">藏獒</h1>
```

在 HTML 4.01 中，font 标签不被赞成使用，XHTML 1.0 Strict DTD 中，font 标签不被支持。Dreamweaver CS5 中使用样式定义文本的字体、颜色、字体尺寸从而代替 font 标签，因此在 HTML 选项卡中不能对这类属性进行操作，而需要在 CSS 选项卡中通过定义样式来设置这类属性。

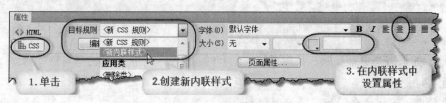

图 2-20　设置文本格式

➢　选中第四、五、六段落，在属性面板的 HTML 选项卡中选择"*I*"斜体按钮，将段落的文本设置斜体状态。

切换到"代码"视图，下面是某个段落设置成斜体后对应的代码，标签<em>可以设置文本的斜体格式。

```
<em> 马头型，嘴长，头小不够圆。</em>
```

6．空格的插入

设置每个段落首行缩进，可以通过插入空格完成。空格属于网页中的特殊字符，在网页中会经常用到。插入空格主要有两种方法。

方法一：将光标置于要插入空格的位置，选择"插入"菜单→"HTML"→"特殊字符"→"不换行空格"命令，一个空格插入在页面。

方法二：同时按住【Shift+Ctrl+Enter】三个键，插入一个空格。

段落首行缩进 2 个字符，需要按照上面的方法插入 8 个空格。

切换到"代码"视图，插入空格产生的代码为 ，浏览器显示页面时会将 显示成空格。

7．版权信息符号的插入

将光标移到水平线的下一段落，插入版权信息。版权信息符号是一个特殊字符，特殊字符是无法在键盘中直接输入的。其插入的方法是：

➢　选择"插入"菜单→"HTML"→"特殊字符"→"版权"命令，即可插入版权信息符号。

➢　或者选择"插入"菜单→"HTML"→"特殊字符"→"其他符号"命令，弹出"插入其他字符"对话框，如图 2-21 所示。对话框会显示所有的特殊字符，选择版权信息符号，单击"确定"。

将视图切换到"代码"视图，插入版权信息符号产生的代码是©。

8．插入日期

在页面中插入当前日期的操作为：将光标放在要插入日期的位置，选择"插入"菜单→"日期"命令，弹出"插入日期"对话框，如图 2-22 所示。在对话框中可以设置日期显示的格式，选择所需要的日期格式，单击"确定"按钮，当前日期插入在页面中。

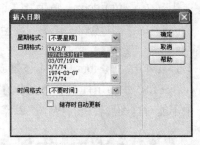

图 2-21　"插入其他字符"对话框　　　　　　图 2-22　"插入日期"对话框

特别地，如果需要更新日期，只需要将"储存时自动更新"前的复选框勾选即可。

9．插入列表

➢　在第四、五、六个段落前插入项目列表。

创建项目列表（也称为无序列表）的方法是：将光标依次置于要创建项目列表的位置或者选中这三个段落，选择"插入"菜单→"HTML"→"文本对象"→"项目列表"命令，如图 2-23 所示，即可创建项目列表。或者也可以选择文本的属性面板中"▤"项目列表按钮，完成创建项目列表，页面效果如图 2-24 所示。

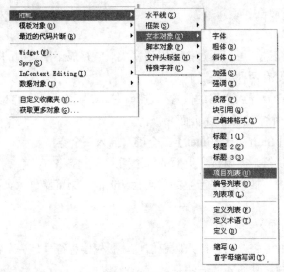

图 2-23　菜单插入项目列表

图 2-24　创建无序列表的页面效果

切换到"代码"视图，下面的代码是插入项目列表所产生的。

```
<ul>
  <li><em>狮型（也称狮子头式）头脖鬃毛直立，毛长度有 10～30cm，抬眼望如雄狮般威武，如狮子形状。
</em></li>
  <li><em>虎型（又称虎头獒、短毛獒）犬头大，脖颈鬃毛短，嘴短面宽，形状如虎。</em></li>
  <li><em> 马头型，嘴长，头小不够圆。</em></li>
</ul>
```

> 在第 8 段～第 11 段落前插入编号列表。

创建编号列表（也称为有序列表）的方法是：将光标依次置于要创建项目列表的位置或者选中这四个段落，选择"插入"菜单→"HTML"→"文本对象"→"编号列表"命令，如图 2-23 所示，即可创建编号列表。或者也可以选择属性面板的" " 项目列表按钮，完成创建编号列表，页面效果如图 2-25 所示。

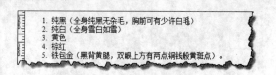

图 2-25　创建有序列表的页面效果

项目列表用项目符号来记录列表项，编号列表则用编号来记录列表项。常常可以结合两种列表进行列表嵌套，形成多级项目列表的形式，使得组织文本更具层次性。

切换到"代码"视图，以下代码是插入编号列表所产生的。

```
<ol>
  <li> 纯黑（全身纯黑无杂毛，胸前可有少许白毛）</li>
  <li>纯白（全身雪白如雪）</li>
  <li>黄色</li>
  <li>棕红</li>
  <li>铁包金（黑背黄腿，双眼上方有两点铜钱般黄斑点）。</li>
</ol>
```

10. 设置背景图像

最后，给页面增加背景图像。具体操作方法为：选择"修改"菜单→"页面属性"命令，弹出"页面属性"对话框。以下两种方法都可以用来设置页面的背景图片。

方法一：在"页面属性"对话框，选择"外观（CSS）"类别，在背景图像中选择文件，单击"确定"按钮，完成背景图像的设置，如图 2-26 所示。这种方法是采用 CSS 样式来设置背景图像，推荐使用。

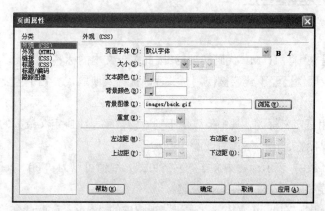

图 2-26　页面属性之外观（CSS）

方法二：在"页面属性"对话框，选择"外观（HMTL）"类别，在背景图像中选择文件，单击"确定"按钮，完成背景图像的设置，如图 2-27 所示。这种方法是用 HTML 来定义背景图像，不推荐使用。

图 2-27 页面属性之外观（HTML）

保存页面，完成 index.html 的制作。单击"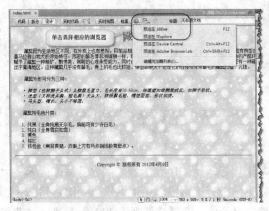"按钮，预览页面，如图 2-28 所示。

图 2-28　预览页面

2.2.3　相关概念及操作

1．相关标签

最初的网页都是靠编写 HTML 代码实现的，因此关于文本的标签相对较多。但在 XHTML 中，有部分文本的标签或属性已经不建议被使用，并逐渐被样式所取代。几个主要的文本标签如下。

➢　<hx>标签

<hx>标签的作用是定义标题，其中 x 表示 1 到 6 的数字，<h1>定义最大的标题，<h6>表示最小的标题。它属于双标签，语法格式为<hx>…</hx>。

它具有 align 的属性，表示标题中文本的对齐方式，取值可以为：left、center、right、justify。但 XHTML 中不推荐使用，建议用样式代替它。

在 Dreamweaver 中，在 html 文档的"代码"视图中的<body>与</body>之间嵌入如下代码：

```
<h1>第二章 XHTML 与 Dreamweaver 基本操作</h1>
<h2>2．1 XHTML 概念</h2>
```

```
<h3> 2．1．1 认识 XHTML</h3>
<h4>四级标题 </h4>
<h5>五级标题</h5>
<h6>六级级标题</h6>
```

完成后如图 2-29 所示。

单击"设计"按钮，在设计视图中可以看到不同级别的标题用不同字号的黑体字显示出来，如图 2-30 所示。

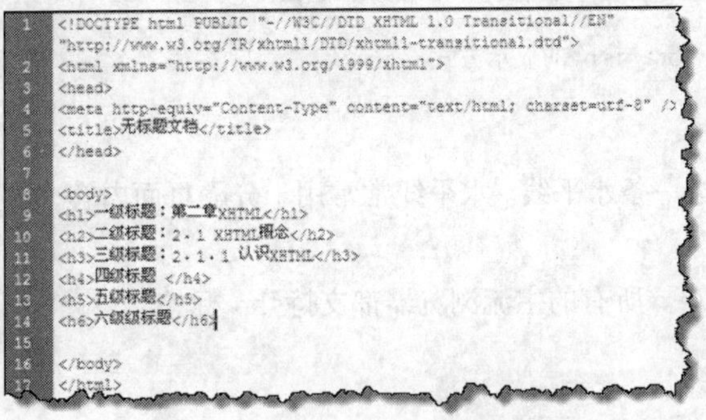

图 2-29　在代码视图使用标题标签　　　　　　图 2-30　不同标题显示的效果

> <p>标签

<p>标签的作用是定义段落。当浏览器遇到<p>标签时，通常会在相邻的段落之间插入一些垂直的间距。所有的主流浏览器都支持该标签，它属于双标签，语法格式为<p>…</p>，其中<p></p>之间的内容为段落显示的内容。在 XHTML 中，所有 p 元素的属性都不建议使用。

在 Dreamweaver 中，切换到"代码"按钮，在代码视图中的<body>与</body>之间嵌入如下代码：

```
<p>这是段落。</p>
<p>这是段落。</p>
<p>这是段落。</p>
<p>段落元素由 p 标签定义。</p>
```

切换到"设计"视图，可以看到 p 元素会自动在其前后创建一些空白，如图 2-31 所示。

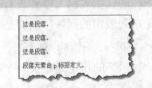

>
标签

标签的作用是插入一个简单的换行符，它只是简单地开始新的一行，相邻行之间的间距没有段落之间的间距大。它属于单标签，语法格式为：
。

图 2-31　使用段落显示的页面效果

特别地，使用
标签仅仅只是换行，而不是分割段落。

图 2-32 是文档的"拆分"视图，可以看到
标签的使用及其与<p>标签的区别。
是简单的换行，只需要单独使用一个，前后行距比较紧凑。<p>是大换行，必须成对使用。在下面的代码中"夜来风雨声，花落知多少。"这两句是分别写在两行中的，但页面设计效果中却显示在同一行中。这说明源代码中的文字换行并不等于网页显示效果里的换行，必须用相应的标签来控制说明页面的显示方式和效果。

图 2-32
与<p>的显示方式

➤   <hr>标签

<hr>标签的作用是在 HTML 页面上创建一条水平线。水平线常常用于分隔页面内容，使页面结构更清晰。

该标签属于单标签，语法格式为：<hr />。所有的主流浏览器都支持<hr>标签。

表 2-2 为<hr>标签的主要可选属性。

表 2-2   <hr>标签的主要属性

属 性 名	描　　述
align	表示水平线的对齐方式。XHTML 建议使用样式取代该属性
noshade	表示水平线是否有阴影。XHTML 建议使用样式取代该属性
size	表示水平线的厚度。XHTML 建议使用样式取代该属性
width	表示水平线的宽度。XHTML 建议使用样式取代该属性

➤   <ul>标签和<li>标签

<ul>标签的作用是定义一个无序列表，而<li>标签则定义列表中的列表项。它们都属于双标签，语法格式为：<ul><li>…</li></ul>。如果其中有 N 个列表项，那么在<ul></ul>中则出现 N 个<li>标签。

下面的代码表示无序列表有三个列表项，它对应的页面效果如图 2-33 所示。

无序列表中的列表项前面是项目符号，列表项之间没有先后顺序。

➤   <ol>标签和<li>标签

<ol>标签的作用是定义一个有序列表，而<li>标签则定义列表中的列表项。它们都属于双标签，语法格式为：<ol><li>…</li></ol>。如果其中有 N 个列表项，那么在<ol></ol>中则出现 N 个<li>标签。

下面的代码表示无序列表有三个列表项，它对应的页面效果如图 2-34 所示。

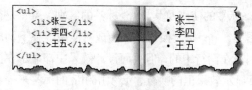

图 2-33   无序列表示例

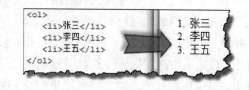

图 2-34   有序列表示例

有序列表中的列表项前面是编号，列表项之间用编号记录顺序。

2. 文本的属性面板

文本的基本操作主要是对文本属性的设置，这些设置可以在文本的属性面板中设置。属性面板包括：HTML 选项，表示利用 HTML 定义文本属性，如图 2-35 所示；CSS 选项，表示利用 CSS 设定文本属性，如图 2-36 所示。

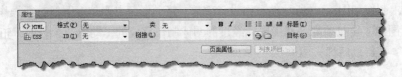

图 2-35　HMTL 选项卡

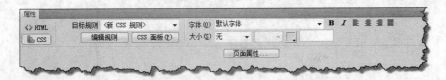

图 2-36　CSS 选项卡

单击"HTML"选项卡，主要参数如下。

➢ 格式：选择文本的各种格式，如段落、标题 1 等。

➢ 类：文本应用的 CSS 样式类。

➢ "**B**"粗体按钮：将选中的文本加粗。

➢ "*I*"斜体按钮：将选中的文本设为斜体。

➢ "≣"项目列表：创建项目列表。

➢ "≣"编号列表：创建编号列表。

➢ "≝"缩进按钮：使文本向右移两个中文字符。

➢ "≝"凸出按钮：使文本向左移两个中文字符。

➢ 链接：链接的目标地址。

单击"CSS"选项卡，主要参数如下。

➢ 字体：文本所应用的字体。

➢ 大小：文本的字体大小。

➢ 颜色：文本的颜色。

➢ "≣"按钮：设置文本左对齐。

➢ "≣"按钮：设置文本居中对齐。

➢ "≣"按钮：设置文本右对齐。

➢ "≣"按钮：设置文本两端对齐。

➢ "目标规则"：利用 CSS 格式化文本，首先需要选择目标规则。

2.3　任务 2——图像操作

图像是网页最常见的元素之一。如果网页只有文字，访问网页的浏览者会感到枯燥，而添加了图像的页面看起来较为活泼、生动，能有效地增强网页的友好性。因此合理地插入图像，也是网页设计中比较重要的步骤。

2.3.1 任务与目的

本任务要求制作如图 2-37 所示的页面设计效果。整个页面主要是对图像进行操作，如页面的 Banner 部分为图像，导航条则是利用鼠标经过的图像制作完成的，动感效果较好，正文部分用的是图像占位符，等待以后插入图像。

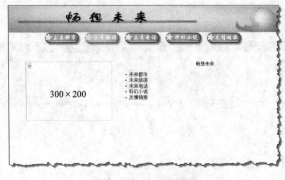

图 2-37　页面效果图

目的：

➢ 掌握普通图像的插入方法；

➢ 掌握鼠标经过图像的插入方法；

➢ 掌握图像占位符的插入方法；

➢ 掌握图像属性的设置方法；

➢ 掌握图文混排。

2.3.2 操作步骤

1．新建站点

将素材文件夹作为站点根目录文件夹。新建空白 HTML 页面，保存文件名为 index.html。

2．设置页面属性

选择"修改"菜单→"页面属性"命令，在"外观（CSS）"类别中，设置上边距为 0px，如图 2-38 所示。

页面边距可以理解为当前页面距浏览器窗口之间的距离。有四种边距，分别是上边距、下边距、左边距和右边距，如图 2-39 所示，它们的含义如下。

➢ 上边距表示页面离浏览器窗口上方的距离。

➢ 下边距表示页面离浏览器窗口下方的距离。

➢ 左边距表示页面离浏览器窗口左边的距离。

➢ 右边距表示页面离浏览器窗口右边的距离。

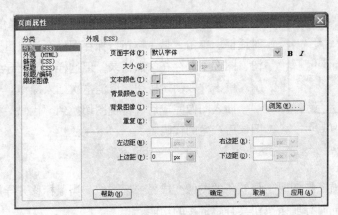

图 2-38　设置页边距

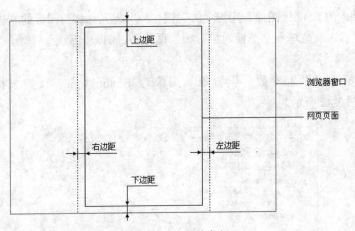

图 2-39　边距的含义

3．插入 Banner 中的图像

选择"插入"菜单→"图像"命令，弹出"选择图像源文件"对话框，如图 2-40 所示。在站点目录下选择插入到 Banner 中的图像，单击"确定"按钮，页面出现插入的图片。

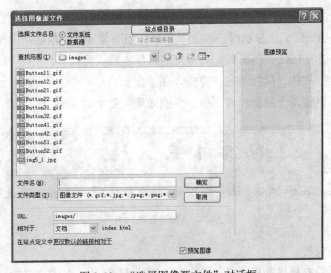

图 2-40　"选择图像源文件"对话框

图 2-41　提示对话框

如果选择的图像不在站点目录下，则会弹出如图 2-41 所示的对话框。单击"是"按钮，保存图像至站点目录，单击"否"按钮，图像不保存在站点目录，但这样可能会导致页面不能正常显示。单击"取消"按钮，取消本次插入操作。

插入图像完成后，将视图切换到"代码"视图，以下是插入图像后产生的代码。

```
<img src="images/img5_1.jpg" width="700" height="91" />
```

4．制作导航条

当鼠标移至导航条按钮时，导航条的图像变成另一幅图像，当鼠标移开导航条按钮时，导航条恢复原始图像。同时导航条按钮具有超链接的功能。

具体操作如下。

➢　选中刚插入的 Banner 图像，用键盘方向键"→"将光标移至图像的右边，按住【Shift】+回车键后选择"插入"菜单→"图像对象"→"鼠标经过图像"命令，弹出"插入鼠标经过图像"对话框。

➢　在对话框中，设置参数。设置原始图像为 Button11.gif，设置鼠标经过的图像为 Button12.gif，如图 2-42 所示。

图 2-42　"插入鼠标经过图像"对话框

"插入鼠标经过图像"对话框中的主要参数作用如下。

① 原始图像：表示页面开始时所显示的图像。

② 鼠标经过图像：表示鼠标移至原始图像时显示的图像。

③ 替换文本：当图像无法显示时出现文本注释，当图像显示时鼠标指向链接的文本说明。

④ 按下时，前往的 URL：单击鼠标后链接的目标，默认为#。

➢　单击"确定"按钮，鼠标经过图像插入在页面。

➢　再依次插入其他四个鼠标经过图像，页面效果如图 2-43 所示。

图 2-43　添加导航的页面

➢　调整图像的位置。

选中第二个图像，在属性面板中"水平边距"文本框输入 10。同样的方法，选中第四个图像，将其水平边距也设置为 10，如图 2-44 所示。

图 2-44　调整图像位置

设置了图像的水平边距后，调整了图像的水平位置，看上去更美观。

导航条制作完成，保存，预览页面。当鼠标放在导航条的图像上时，图像变成另一幅图像，效果如图 2-45 所示。

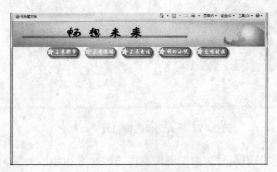

图 2-45　鼠标经过图像的状态

这里最好将鼠标经过图像放在表格中，否则由于浏览器的分辨率不同，图像可能会产生移位。

将视图切换到"代码"视图，以下代码是创建一个鼠标经过图像所产生的部分代码。

```
<a     href="#"     onmouseout="MM_swapImgRestore()"     onmouseover="MM_swapImage
('Image3','','images/Button12.gif',1) ">
<img  src="images/Button11.gif"  name="Image3"  width="130"  height="47"  border="0"
id="Image3" />
```

5. 插入图像占位符

在设计页面时，如果图像暂时未准备好，可以先用图像占位符代替，图像完成制作后再替代图像占位符。图像占位符并不是能够在浏览器显示的图像。

具体操作如下所示。

➢ 将光标移至待插入图像占位符的位置，选择"插入"菜单→"图像对象"→"图像占位符"，弹出"图像占位符"对话框，如图 2-46 所示。设置宽度为 300，高度为 200。

"图像占位符"对话框的各个参数含义如下。

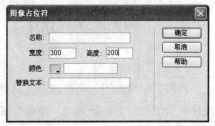

图 2-46　"图像占位符"对话框

① 名称：设置图像占位符的名称。

② 宽度、高度：设置图像占位符的宽度、高度，默认为 32 像素。

③ 颜色：设置图像占位符的颜色。

④ 替换文本：设置图像占位符的替换文字。

将视图切换到"代码"视图，以下代码是创建图像占位符所产生的代码。

```
<img alt="" width="300" height="200" hspace="60" align="left" />
```

6．图文混排

图文混排是指网页上的图像与文本之间的位置关系，是网页设计中常常遇见的问题。

选中图像占位符，在属性面板的"对齐"方式中选择左对齐，表示图像在文本的左边。将光标移至插入的图像占位符的右边，输入文本。如图 2-47 所示。

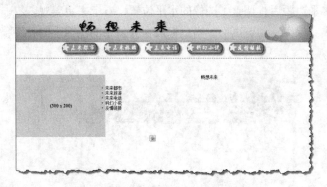

图 2-47　插入图像占位符及文本的页面

修改图像占位符的水平边距时，由于图像占位符的水平边距不可编辑，我们可以先用图像代替图像占位符，在属性面板的源文件设置任一张图像，之后属性面板某些属性就可以编辑了。设置水平边距为 60，如果图像的大小与图像占位符的大小不相同，则修改图像的宽、高，如图 2-48 所示。

图 2-48　设置图像占位符的属性

设置完成后，将属性面板的"源文件"文本框中的路径删除，则图像变回图像占位符。保存完成页面的制作。

2.3.3　相关概念及操作

1．网页图像类型

在网页中增加图像会令网页变得生动，但网页中图像的增加也会影响网页的下载速度。因此设计网页使用图像的原则是：在保证画质的基础上使图像尽可能的小，同时需要考虑浏览器的兼容问题。

常用的图像格式主要有：GIF 格式、JPEG/JPG 格式、PNG 格式、BMP 位图。它们之间的优缺点如表 2-3 所示。

表2-3　　　　　　　　　　　　　　　　常见图像格式

图 像 类 型	优　　点	缺　　点	适 用 场 合
GIF 格式	无损压缩，体积小，下载速度快，不失真，支持部分动画	支持有限的透明度，效果不如别的图像	可用做网页图像
JPG/JPEG 格式	体积小，比较清晰	有损压缩 、画面失真	可用做网页图像
PNG 格式	体积小	只有较高版本的浏览器支持	可用做网页图像
BMP 格式	支持 24 位颜色深度，兼容性好	不支持压缩、容量大	不推荐用做网页图像

2．相关标签

<img>标签的作用是在页面中插入一幅图像。它属于单标签，语法格式为<img />。所有的浏览器都支持<img>标签。

它有一组属性，主要的如表 2-4 所示，其中 src 属性和 alt 属性是必选属性。

表2-4　　　　　　　　　　　　　　　<img>标签的主要属性

属 性 名	描　　　　　述
src	表示显示图像的 URL
alt	表示图像的替代文本
align	表示图像与文本的对齐方式。XHTML 建议使用样式取代该属性
border	表示图像的边框宽度。XHTML 建议使用样式取代该属性
height	表示图像的高度
width	表示图像的宽度

3．图像的基本操作

➢　图像的插入

有两种方法可以插入图像。

方法一：将光标放入要插入图像的位置，选择"插入"菜单，其中单击"图像"命令是插入普通的图像，单击"图像对象"菜单下的命令可以插入鼠标经过的图像及图像占位符。

方法二：选择"窗口"菜单→"插入"命令，打开"插入"面板，在"常用"中选择"🖾"图像按钮。

➢　调整图像

图像的属性可以在属性面板中设置，从而调整图像。图像的属性面板如图 2-49 所示。

图 2-49　图像属性面板

①　"宽"、"高"：设置图像的大小。在属性面板中的"宽"、"高"后面的文本框输入值，可以精确地设置图像的大小。如果希望恢复图像的原始大小，只要单击"🖸"重设按钮。

②　"对齐"：图像与文本的对齐方式。选择图像后，在属性面板"对齐"中选择相应的对齐

方式，可以达到图文混排的效果。

③ "源文件"：页面显示的图像的路径。改变"源文件"后面文本框的值可以更换图像。

④ "链接"：创建图像的链接路径。

⑤ "替换"：给图像加以文字说明。当鼠标放在图像上，出现文本提示说明。

⑥ "类"：图像应用的类样式。

⑦ "编辑"：对图像进行编辑。

⑧ "目标"：如果图像设置了超链接，则表示链接目标文件的打开方式。

⑨ "水平边距"和"垂直边距"：设置图像水平、垂直两边的空白。

⑩ "边框"：图像的边框宽度。

⑪ "地图"：创建图像地图。

除了在属性面板中调整图像的大小，也可以直接选中图像，然后用鼠标拖放在图像中出现的控制点，从而达到对图像的调整。但是这种方法不能精确的控制图像的大小。

2.4 任务 3——超链接操作

超链接是网站组成的重要的部分，Internet 上众多的网站和网页都是通过超链接联系在一起的。单击超链接可以方便地从一个页面跳转到另一个页面，从一个网站跳转到另一个网站，甚至可以打开应用程序等。合理地应用超链接，可以使浏览者更好地访问网站。

2.4.1 任务与目的

本任务要求给图 2-50 中的页面创建合理的超链接，使浏览者能够通过单击链接访问相应的信息。

图 2-50 页面初始效果图

目标：

➢ 掌握普通超链接的创建；

➢ 掌握锚点链接的创建；

➢ 掌握图像热点链接的创建；

➢ 掌握电子邮件链接的创建；

> 掌握空链接的创建。

2.4.2　操作步骤

1．在 Dreamweaver CS5 建立站点，将素材文件作为站点的根目录文件夹，打开 index.html 文件。如果不创建站点，index.html 文件的图片等元素可能无法正常显示

2．创建与外部网页的链接

外部网页链接也称为外部链接，是指链接访问的网页文件不是本站点目录下的文件。在导航栏 "足球明星" 文本上创建超链接，如图 2-51 所示，链接的目标文件是新浪网站中关于足球明星的某网页文件，该网页的 URL 为 http://data.sports.sina.com.cn/yingchao/players。

图 2-51　页面导航条

具体操作如下。

> 选中 "足球明星" 文本。选择 "插入" 菜单→ "超级链接" 命令，弹出 "超级链接" 对话框。

> 在对话框中设置链接的目标 URL，输入 http://data.sports.sina.com.cn/yingchao/players，其中 http:// 不能默认，否则会被当作本地站点的某个文件而出现错误。在 "目标" 中选择 "_blank"，表示单击链接时打开一个新的窗口以显示链接的网页文件，如图 2-52 所示。

> 或者也可以选中文本后，在属性面板的 "链接" 文本框输入链接网址 URL，在 "目标" 下拉列表选择 "_blank"，如图 2-53 所示。

图 2-52　 "超级链接" 对话框

图 2-53　设置链接和目标属性

将视图切换到 "代码" 视图，创建的超级链接对应的代码为：

```
<a href="http://data.sports.sina.com.cn/yingchao/players/" target="_blank">足球明星
</a>
```

如果要在 index.html 页面的其他文本或图像上创建外部链接，可以按照上面的方法完成。

3．创建站点内网页的链接

站点网页的链接也称为内部链接，是指链接访问的网页文件是本站点目录下的文件。为"足球综合新闻"栏目下的新闻标题创建链接，如图 2-54 所示，链接的目标文件是本站点目录下的 new1.html。

图 2-54   "足球综合新闻"栏目

类似于外部链接的操作，以下为具体操作。

➢   选中栏目的第一条新闻标题。选择"插入"菜单→"超级链接"命令，弹出"超级链接"对话框。

➢   单击对话框的"链接"后面的"📁"浏览按钮，弹出"选择文件"对话框，如图 2-55 所示。在对话框中选择本地站点文件 new1.html，单击"确定"按钮，返回"超级链接对话框。单击"确定"按钮，创建了一个内部超链接。由于在"超级链接"对话框没有设置目标的值，则意味着单击链接，链接目标文件将在当前窗口打开，"目标"默认为_self，如图 2-56 所示。

图 2-55   "选择文件"对话框

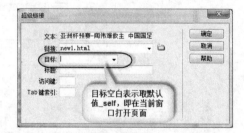

图 2-56   设置超级链接的目标

➢   或者选中文本后，单击属性面板的"链接"后面的"📁"浏览按钮，也可以弹出"选择文件"对话框，选择本地站点文件完成内部链接的创建。这里的链接值是链接目标文件相对于 index.html 的一个相对路径，如图 2-57 所示。

图 2-57   属性面板创建内部链接

另外，如果链接目标文件不是本地站点文件，则会弹出对话框，提示将链接目标文件保存在本地站点目录下，如图 2-58 所示。单击"是"按钮，则将链接目标文件保存在本地站点，单击"否"按钮，内部链接不能被创建。

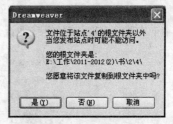

图 2-58　提示对话框

将视图切换到"代码"视图，下面的代码为对应的内部链接代码。

```
<a href="new1.html">亚洲杯预赛-陶伟难救主 中国国足 1-2 负
伊拉克 [03-01]</a>
```

如果要在 index.html 页面的其他文本或图像上创建内部链接，可以按照上面的方法完成。

4．创建锚点链接

当页面内容比较多时，页面就会变得很长，浏览者可能需要不停地拖动滚动条，浏览不方便。创建锚点链接可以解决这个问题，其中锚点是指文档中设置的位置标签，锚点链接是指单击链接跳到锚点设置的位置上。

index.html 中包含多个新闻栏目，整个页面过长，因此准备在页面的相关新闻版块中做锚点链接。锚点则是各个栏目的标题所在的位置，如图 2-59 所示。

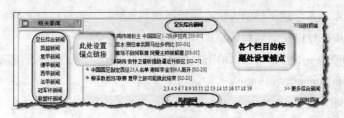

图 2-59　设置锚点链接的页面内容

创建锚点链接需要两个关键步骤，首先是创建锚点，然后再创建链接。具体步骤如下：

➢　将光标放在 index.html 页面中的"冠军杯新闻"栏目标题文本前，如图 2-60 所示。选择"插入"菜单→"命名锚记"命令，弹出"命名锚记"对话框。在对话框中输入锚点的名称为 t1，如图 2-61 所示。

图 2-60　未插入锚点的页面状态

图 2-61　"命名锚记"对话框

➢　单击"确定"按钮，在"冠军杯新闻"文本前出现锚点的图标" "，如图 2-62 所示。锚点创建完成。

图 2-62　插入锚点的页面状态

➤ 在相关新闻版块中，对文本"冠军杯新闻"创建链接。选中文本，在属性面板的"链接"文本框中输入#t1，这种链接地址是以"#"开头，并在其后加上锚点的名称。如图 2-63 所示。

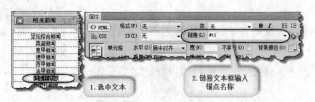

图 2-63　创建锚点链接

锚点链接创建完成。当单击"相关新闻"栏目中的"冠军杯新闻"时，就能跳转到相应的位置。

将视图切换到"代码"视图，有两处代码是创建锚点链接所产生的。

创建锚点对应的代码：<a name="t1"></a>。

创建锚点链接对应的代码：<a href="#t1">冠军杯新闻</a>。

如果要在 index.html 页面的其他文本或图像上创建内部链接，可以按照上面的方法完成。

5．创建图像热点链接

在一幅图像上添加多个超链接的方法是采用图像热点链接。热点链接本质是对图像定义形状区域，在这些区域中创建链接，这些区域称为热点。

图 2-64 显示的是一张世界地图，单击某个区域（如中国）后，能打开搜狐网站的足球频道 http://sports.sohu.com/guoneizuqiu.shtml。

具体操作步骤如下。

➤ 选中图像，在属性面板中单击选择"▭"矩形热点绘制工具，如图 2-65 所示。在图像上相应的位置按住鼠标左键并拖动鼠标，创建好的热点区域呈现蓝色选中状态，如图 2-66 所示。

➤ 选中热点区域，创建链接。创建链接的方法与上面一致。在属性面板的"链接"输入链接目标地址 http://sports.sohu.com/guoneizuqiu.shtml，如图 2-67 所示。

图 2-64　未添加热点链接的图片

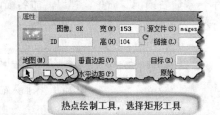

图 2-65　热点绘制工具

图 2-66　已添加热点区域

图 2-67　热点的属性面板

另外，如果需要修改热点区域的位置或大小，可以选择属性面板中的"▸"指针热点工具，然后进行拖动以改变热点区域的位置及大小。

热点区域创建完成后，单击图像的热点区域，跳转到相应的网页中。

将视图切换到"代码"视图，下面的代码是创建热点链接所产生的。

```
<area shape="rect" coords="86,38,114,54" href="http://sports.sohu.com/guoneizuqiu.
shtml" alt="中国">
```

如果要继续在图像上创建图像热点链接，可以按照上面的方法完成。

6．创建空链接

空链接是一个未指定目标网页的链接，它一般为网页对象或文本的附加行为，有关行为将在第 5 章阐述。

index.html 页面过长的时候，除了可以利用锚点链接从网页底部快速地回到网页的顶部之外，也可以使用空链接的方法。

选中"回到顶端"文本，在其属性面板的"链接"文本框中输入"#"，完成空链接的创建，如图 2-68 所示。

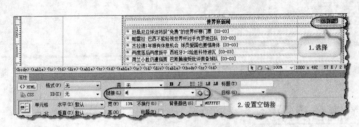

图 2-68　创建空链接

单击"回到顶端"时，页面可以从当前位置跳转到页面的顶端。以下是空链接产生的代码。

```
<a href="#">回到顶端</a>
```

如果要在 index.html 页面的其他文本或图像上创建空链接，可以按照上面的方法完成。

7．创建电子邮件链接

电子邮件链接是一种特殊的链接，单击这类链接将打开浏览器默认的电子邮件处理程序，允许用户创建电子邮件，并发送到指定的邮箱地址。在网页上创建这类超链接，大大增强了浏览者与网站的互动。

图 2-69 为 index.html 的页眉部分，在"联系我们"文本上创建电子邮件超链接。

图 2-69　需要创建电子邮件超链接的页眉

具体步骤如下所示。

➤　选中文本"联系我们"，选择"菜单"菜单→"电子邮件链接"命令，弹出"电子邮件链接"对话框，如图 2-70 所示。

➤　选中的文本出现在对话框的"文本"一栏之中，表示链接的文本，在"电子邮件"一栏中输入正确的邮箱地址。单击"确定"按钮，完成电子邮件链接。

➤　或者选中文本后，在属性面板的"链接"文本框中输入 mailto:shicidaguan@163.com。

单击"联系我们",弹出如图 2-71 所示的应用程序窗口。以下是创建电子邮件链接产生的代码。

```
<a href="mailto:shicidaguan@163.com">联系我们</a>
```

如果要在 index.html 页面的其他文本或图像上创建邮件链接,可以按照上面的方法完成。

图 2-70 "电子邮件链接"对话框　　　　　图 2-71 电子邮件处理程序窗口

2.4.3 相关概念及操作

1. 链接路径

链接路径是指链接的目标文件的地址,分为相对路径和绝对路径。

➢ 绝对路径

绝对路径用于创建外部链接,即从一个网站跳转到另一个网站。此时的绝对路径是指链接目标文件的绝对 URL 地址,如任务中使用的 http://sports.sohu.com/guoneizuqiu.shtml。

➢ 相对路径

相对路径则用于创建内部链接时,即在站点目录下的不同页面之间的跳转。此时链接目标文件采用相对路径,用"../"表示上一层的文件夹,用"/"表示根目录。

初学者常常遇到这样的问题:在本机上可以正确浏览页面,但是把页面传到服务器或换台计算机则会出现某些页面元素(如图片、视频等)无法正常显示的情况。这些情况有可能是由于元素的路径设置错误所造成的。注意一定不能出现在应该使用相对路径的地方使用绝对路径,在应该使用绝对路径的地方而使用相对路径的情况。

2. 相关标签

创建超级链接只需要一个 XHTML 标签,即<a>标签。<a>标签属于双标签,它的语法格式为<a>…</a>,其中<a></a>之间的内容是超链接的载体,可以是文本或图像。

<a>标签最重要的两个属性是 href 属性和 name 属性。href 属性是指定链接的目标,该目标可以是本地站点的一个文档,也可是外部网站的一个文档,甚至可以是"#"或脚本代码。使用<name>属性,创建一个文档的内部书签,也称为锚点。

<a>标签的主要属性如表 2-5 所示。

表 2-5　　　　　　　　　　　　　　　　　<a>标签的主要属性

属　性　名	描　　　述
href	链接的目标 URL
name	定义锚点的名称
target	表示在何处打开目标 URL。可以有以下几种取值：_blank、_parent、_self、_top、framename

3．超链接的基本操作

➢　超链接的创建

超链接的创建主要有两种方法。

方法一：使用属性面板创建链接。选择超链接的载体后，在属性面板中设置两个属性。一是"链接"，在"链接"的文本框输入目标链接的文件路径；二是"目标"，在下拉列表框中选择文档打开的位置，如图 2-72 所示。

几种取值的含义如下。

① _blank：弹出新的窗口打开链接的文档。

② _parent：如果是嵌套的框架，会在父框架中打开，否则，在整个浏览器窗口中打开链接的文档。

③ _self：在当前窗口打开链接文档，该项为默认值。

④ _top：在整个浏览器窗口中打开链接的文档。

方法二：使用菜单创建链接。选择超链接的载体后，选择"插入"菜单中关于链接的命令，弹出"超级链接"对话框，如图 2-73 所示。在"超级链接"对话框中设置参数，参数的含义如下。

① "文本"：超链接显示的文本。

② "链接"：超链接的目标地址。

③ "目标"：超链接打开的方式。

④ "标题"：超链接的标题。

⑤ "访问键"：设置键盘快捷键，通过快捷键选中超链接。

⑥ "Tab 键索引"：设置超链接的索引顺序。

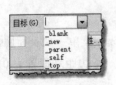

图 2-72　目标属性

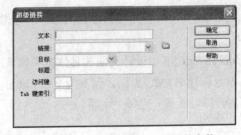

图 2-73　"超级链接"对话框的参数

➢　超链接的删除

超链接的删除只需要选中已建立超链接的文本或对象，清除属性面板的"链接"文本框的值，超链接即被删除。

2.5　任务 4——表格操作

表格（Table）是网页是最常见的元素之一，它在网页中起着重要的作用。利用表格可以将相关数据整齐有序地组织起来，采用表格布局可以将网页的元素准确地放在页面中。

2.5.1　任务与目的

本任务要求制作完成如图 2-74 所示的页面，页面采用表格布局，网页中通过一个细线表格组织信息。

图 2-74　使用表格布局的页面

目的：
➢ 掌握表格的概念；
➢ 掌握表格的插入；
➢ 掌握表格及单元格的属性设置；
➢ 掌握表格的基本操作等；
➢ 掌握细线表格的制作。

2.5.2　操作步骤

设计如图 2-74 页面时首先应考虑如何布局。考虑到素材的尺寸，得到如图 2-75 所示的初步布局图。

在 Dreamweaver CS5 中设计页面的具体步骤如下所示。

（1）在站点新建 HTML 页面，保存为 index.html。选择"修改"菜单→"页面属性"命令，弹出"页面属性"对话框，选择"外观（CSS）"类别，左、右、上、下边距均设置为 0，如图 2-76 所示。

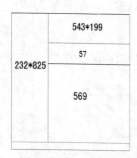

图 2-75　初步布局图

图 2-76　设置页面属性

50

（2）在 index.html 中插入一个布局表格。

选择"插入"菜单→"表格"命令，弹出"表格"对话框。或者也可以选择"窗口"菜单→"插入"命令，在插入面板选择"常用"中的"表格"按钮在页面插入表格。

在对话框中设置"行数"为 2，"列"为 1，"表格宽度"为 775 像素。边框、间距、填充均设置为 0。选择无标题的表格样式，单击"确定"按钮，表格插入至页面文件中。如图 2-77 所示。

（3）根据布局图修改表格及单元格的属性。

将光标放在第 1 行的单元格，右键在弹出的菜单中选择"表格"菜单→"拆分单元格"命令，弹出"拆分单元格"对话框，选择"列"，列数设置为 2，如图 2-78 所示。单击"确定"按钮，当前单元格被拆分成 2 列。

将光标放在第 1 行第 2 列的单元格，继续拆分单元格。按照相同的方法，在"拆分单元格对话框"中选择行拆分，将当前单元格拆分成 3 行。图 2-78 为拆分后的表格。

图 2-77　插入表格

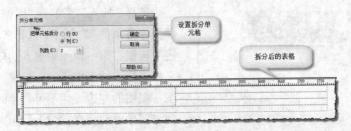

图 2-78　拆分单元格及拆分后的效果

（4）修改表格中单元格的大小。

将光标放在第 1 行第 1 列，在单元格的属性面板设置单元格的宽度为 232，高度为 825，如图 2-79 所示。

图 2-79　设置单元格的大小

将光标放在第 1 行第 2 列的单元格，在属性面板设置单元格的宽度为 543，高度为 199。

将光标放在第 2 行第 2 列的单元格，在属性面板设置单元格的高度为 57。

将光标放在第 3 行第 2 列的单元格，在属性面板设置单元格的高度为 569。

（5）修改表格及单元格的对齐方式。

将光标放在表格中的任一单元格里，在标签检查器中选中表格标签<table>或者用鼠标单击表格的边框选中表格。选中表格后，在属性面板中修改表格的对齐方式，设置"对齐"选项为居中对齐，如图 2-80 所示。

图 2-80　设置表格的对齐

鼠标选中所有的单元格，在属性面板中统一设置单元格的垂直对齐方式为顶端对齐，如图 2-81 所示。

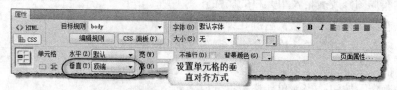

图 2-81　设置单元格的垂直对齐

（6）在表格中插入图像。

将光标放在第 1 行第 1 列的单元格中，单元格中待插入三幅图像。插入三幅图像的总宽度为 232 像素，正好符合布局表格中的单元格宽度。

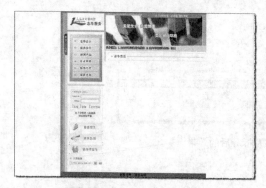

图 2-82　插入图片后的效果

选择"插入"菜单→"图像"命令，弹出"选择图像源文件"对话框，选择素材文件，单击"确定"按钮，第一幅图像插入到单元格中。选中第一幅图像，使用键盘的方向键"→"将光标移至第一幅图的左边（切不可直接回车换行，否则图像与图像之间会有空隙）。采用以上方法依次插入图像 2.jpg、left.jpg 和 board.jpg。

分别将光标放在第 1 行第 2 列、第 2 行第 2 列，然后插入素材图像，效果如图 2-82 所示。

（7）在表格中插入文本。

将光标放在第 4 行的单元格中，在属性面板中设置单元格的"背景颜色"为#009933，"水平"设置为居中对齐，"垂直"设置为居中，单元格的高度为 25 像素，并在单元格中输入"版权信息 违者必究"字样的文本，如图 2-83 所示。

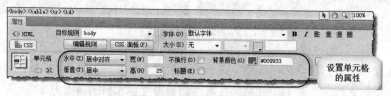

图 2-83　设置单元格属性的属性面板

（8）制作细线表格。

将光标放在第 3 行第 2 列的单元格。嵌套插入一个 12×1 的表格，表格宽度为 80%，嵌套表格出现在单元格内。

选中嵌套表格，在属性面板中设置表格的"对齐"为居中对齐，设置"间距"为 1 像素。单击属性面板的"![]"快速标签编辑器,在">"之前添加 bgcolor="#00CC66"的代码,设置表格的背景颜色,如图 2-84 所示。

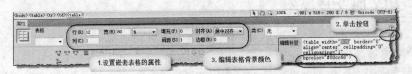

图 2-84 使用标签编辑器设置表格背景颜色

将光标放在嵌套表格中的第一行单元格,在属性面板中设置背景颜色为"#009900",单元格的高度为 35 像素。

鼠标拖动选中其余的单元格,在属性面板中设置背景颜色为白色("#FFFFFF"),高度为 30 像素。最后嵌套表格设计成为边框为 1 像素的细线表格,效果如图 2-85 所示。

特别地,如果需要修改细线表格的边框颜色,只需要重新设置表格的边框颜色即可。

(9)编辑细线表格的文本。

页面默认字体大小为 14px。本任务需要设置细线表格第一行单元格的字体大小为 18px,其他行单元格字体大小为 12px。操作如下:

图 2-85 插入细线表格的页面效果

选中细线表格的第一行单元格,在属性面板中单击"CSS"选项,设置"目标规则"为新内联样式,字体大小为 18px,字体颜色为"#FFFFFF",如图 2-86 所示。设置完成后,"目标规则"显示内联样式。这里涉及的 CSS 样式,将会在第 3 章阐述。

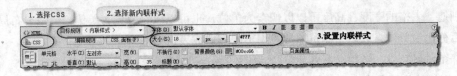

图 2-86 设置细线表格单元格的属性

完成第一行单元格的属性设置之后,输入文本"环保新闻快讯"。

选中其他所有的单元格,按照上面的方法设置其他单元格的字体大小为 12px。同时,单击属性面板的"HTML"按钮,每行文本都设置为列表项,单击"![]"按钮。如图 2-87 所示。

图 2-87 设置细线单元格的项目列表

用同样的方法输入其余单元格的文本。

（10）保存页面，完成页面的制作，最后可以浏览页面效果。

2.5.3 相关概念及操作

1．表格的概念及相关标签

表格由行和列构成，行列交叉的部分称为单元格，如图 2-88 所示。表格是由一组标签构成的，最基本的包括：\<table\>标签、\<tr\>标签以及\<td\>标签。表格的属性（如边框、边距等）决定着表格的外观，这些标签都包含一组属性。

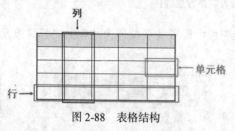

图 2-88　表格结构

➢　\<table\>标签

\<table\>标签的作用是在页面定义一个 HTML 表格，该标签需配合\<tr\>标签和\<td\>标签一起使用。它属于双标签，语法格式为：\<table\>……\</table\>。

表格具有外观，因此该标签拥有一组属性，主要属性如表 2-6 所示。

表 2-6 　　　　　　　　　　　　　　　　　\<table\>标签的主要属性

属 性 名	描 述
align	对齐方式，取值 left、right、center。XHTML 建议使用样式取代该属性
bgcolor	表格的背景颜色。XHTML 建议使用样式取代该属性
border	表格边框的宽度
cellpadding	设置文字到单元格内边框的距离
cellspacing	单元格之间的距离
width	表示表格的宽度
height	表示表格的高度

特别地，表格的宽度、高度可以以像素为单位，也可以以百分比为单位，但一般布局表格不选择以百分比为单位，以防止浏览器分辨率不同而造成表格变形。

➢　\<tr\>标签

\<tr\>标签的作用是定义表格的一行。如果表格有多行，则有多个\<tr\>标签包含在\<table\>标签中。\<tr\>标签属于双标签，语法格式为：\<tr\>……\</tr\>。

该标签主要包含表 2-7 中的属性。

表 2-7 　　　　　　　　　　　　　　　　　\<tr\>标签的主要属性

属 性 名	描 述
align	表示表格行内容的对齐方式。取值有：right、left、center、justify 等
bgcolor	表格行的背景颜色。XHTML 建议使用样式取代该属性
valign	表示表格行中内容的垂直对齐方式。取值有：top、middle、bottom、baseline

➢　\<td\>标签

\<td\>标签的作用是定义表格中的标准单元格，一行有几个单元格就有几\<tr\>标签。如果是表头单元则用标签\<th\>创建。\<td\>标签属于双标签，语法格式为：\<td\>……\</td\>。

该标签主要包含表 2-8 中的属性。

表 2-8　　　　　　　　　　　　　　　　<td>标签的主要属性

属 性 名	描　　　述
align	表示表格单元格内容的水平对齐方式
bgcolor	单元格的背景颜色。XHTML 建议使用样式取代该属性
valign	表示单元格内容的垂直对齐方式
rowspan	单元格横跨的行数
colspan	单元格纵跨的列数
height	单元格的高度，以像素或百分比为单位。XHTML 建议使用样式取代该属性
width	单元格的宽度，以像素或百分比为单位。XHTML 建议使用样式取代该属性

下面的代码创建了一个表格，表格的宽度为 1，表格具有 2 行 2 列。

```
<table border="1">
 <tr>
   <td>Month</td>
   <td>Savings</td>
 </tr>
 <tr>
   <td>January</td>
   <td>$100</td>
 </tr>
</table>
```

2．表格的基本操作

➤ 表格的创建

表格创建主要有两种方法。

方法一：将光标放在待插入的位置。选择"插入"菜单→"表格"命令，弹出"表格"对话框。在弹出的"表格"对话框设置表格的基本属性，单击确定完成表格的创建。

方法二：选择"窗口"菜单→"插入"命令，打开"插入"面板。在插入面板中单击"常用"中的表格按钮来完成表格的创建。

➤ 表格及单元格的选中

选中表格的方法主要有两种。

方法一：将光标放在任一单元格中，在标签检查器中选择<table>标签，表格被选中。选中的表格外边框出现黑色边框，如图 2-89 所示。

方法二：将鼠标移至表格的外边框位置，当边框的颜色变成红色，单击边框，表格被选中，如图 2-90 所示。

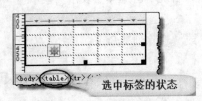

图 2-89　选中表格的状态

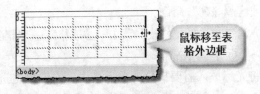

图 2-90　移至表格外边框

选中单个单元格的操作：将光标放置于某个单元格即可。

选中多个连接的单元格的操作：拖动鼠标即可选中多个连接的单元格，如图 2-91 所示。

选中多个不连续的单元格的操作：按住【Ctrl】键，用鼠标单击不连续的单元格则可选中，如图 2-92 所示。

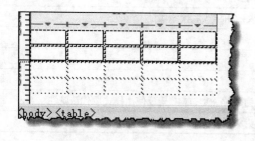

图 2-91　选中多个连续单元格　　　　　图 2-92　选中多个不连续的单元格

➢　插入/删除行或列

在已有的表格中插入行或列的操作有以下两种主要的方法。

方法一：将光标放入待插入行的上或下单元格，选择"插入"菜单→"表格对象"菜单，在菜单中选择相应的命令插入行或列，如图 2-93 所示。

方法二：在当前单元格单击右键，弹出如图 2-94 的菜单，可以选择"插入行"、"插入列"、"插入行或列"命令来完成行或列的插入操作。

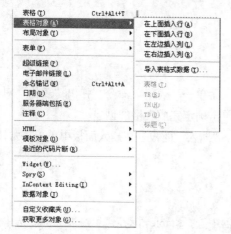
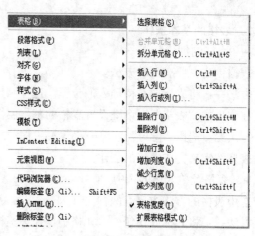

图 2-93　插入行或列　　　　　　　　　图 2-94　右键菜单

在已有的表格中删除行或列的操作有以下两种主要的方法。

方法一：将光标放入要删除的行或列的某一单元格中，右键单击选择"表格"菜单→"删除行"或"删除列"命令。

方法二：选择"修改"菜单→"表格"→"删除行"或"删除列"命令。

➢　拆分单元格

将光标放入需要拆分的单元格中，右键单击选择"表格"菜单→"拆分单元格"命令，如图 2-94 所示。弹出"拆分单元格"对话框，在对话框中设置拆分成行或列，在文本框中输入拆分的行数或列数，如图 2-95 所示。或者单击属性面板中的" ⊐匚"拆分按钮，如图 2-96 所示。

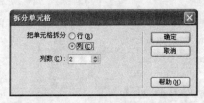

图 2-95　拆分单元格对话框

图 2-96　属性面板拆分单元格

➢　合并单元格

将连续的单元格合并成一个单元格的操作是：选中待合并的多个单元格，右键单击选择"表格"菜单→"合并单元格"命令，如图 2-97 所示。或者选中待合并的单元格，单击属性面板中的"□"合并按钮，完成合并，如图 2-98 所示。

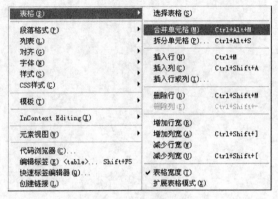

图 2-97　合并单元格

图 2-98　属性面板合并单元格

➢　嵌套表格的创建

与创建表格的方法基本相同，唯一不同的是嵌套表格插入前必须将光标放在表格的某个单元格中，这样创建的表格才是嵌套表格，如图 2-99 所示。

图 2-99　嵌套表格

切换到"代码"视图，嵌套表格创建后产生如下代码。

```
<td><table width="90%" border="0" cellspacing="1" cellpadding="0">
    <tr>
      <td> </td>
      <td> </td>
    </tr>
    <tr>
      <td> </td>
      <td> </td>
    </tr>
  </table></td>
```

➢　表格及单元格的属性修改

选中表格，可以在表格的属性面板中修改属性。如图 2-100 所示。

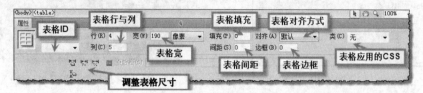

图 2-100　表格属性面板

表格属性面板的参数主要有以下 11 种。

① 表格：设置表格 ID。

② 行：设置表格的行数。

③ 列：设置表格的列数。

④ 宽：设置表格的宽度。

⑤ 填充：填充内容距边框的距离。

⑥ 间距：相邻单元格之间的距离。

⑦ 边框：表格边框的宽度。

⑧ "　"：清除列宽。

⑨ "　"：清除行高。

⑩ "　"：将宽度转换成像素。

⑪ "　"：将宽度转换成百分比。

在 Dreamweaver CS5 的表格属性面板中，已经不存在对表格的背景颜色的设置，建议在 CSS 中修改表格的背景，有关内容将在第 3 章阐述。

选中需要修改的单元格，此时的属性面板是单元格对应的属性面板，如图 2-101 所示。

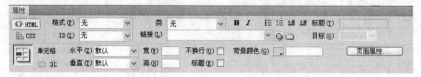

图 2-101　单元格属性面板

单元格属性面板的参数主要有。

① 水平：单元格的水平对齐方式。

② 垂直：单元格的垂直对齐方式。

③ 宽：单元格的宽度。

④ 高：单元格的高度。

⑤ 背景颜色：单元格的背景颜色。

⑥ "　"：合并单元格。

⑦ "　"：拆分单元格。

⑧ 不换行：选中该选项时，单元格的内容将不会换行，单元格的宽度会随着内容的增加而增加。不选中该选项，单元格的内容会根据单元格的宽度而自动换行。

⑨ 标题：选中该选项时，普通单元格变成标题单元格，同时单元格的内容加粗，水平居中对齐。特别地，多个单元格修改相同的属性时，只需同时选中这些单元格，在属性面板中一起修改。

➢ 排序表格

表格是处理数据的常见形式，而排序表格则主要针对具有格式数据的表格。有时需要对页面中的表格数据进行排序。

在 Dreamweaver CS5 中对表格内容进行排序的具体操作为：选中要排序的表格，选择"命令"菜单→"排序表格"命令，打开"排序表格"对话框，如图 2-102 所示。在对话框中选择相应的参数值，单击"确定"按钮，完成表格的排序。

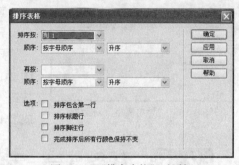

图 2-102　"排序表格"对话框

"排序表格"对话框主要有以下参数：

① 排序按：表格排序根据表格的哪列的值进行。

② 顺序：提供两种排序顺序，一种是按字母顺序，一种是按数字顺序。还包括是根据字母（或数字）的升序排序或降序排序。

③ 再按：在其他列进行的第二种排列顺序。

④ 排序包含第一行：如果选中该复选框，则第一行也参与排序。如果第一行为单元格的标题或表头，则一般不选中该复选框。

⑤ 排序标题行：标题行是否进行排序。

⑥ 排序脚注行：脚注行是否进行排序。

⑦ 完成排序后所有行颜色保持不变：如果选中该复选框，则表格中行的颜色属性不会发生变化。

➢ 数据导入导出功能

Dreamweaver CS5 提供在页面中将 Word 文档中、Excel 文档、.txt 文档中的数据导入功能，也提供将网页中的表格数据导出到 Word 文档、Excel 文档或其他网页中进行编辑的功能。

导入表格式数据的操作是：选择"文件"菜单→"导入"。DW 提供四种文档导入命令，如图 2-103 所示。如选择"表格式数据"命令，则弹出图 2-104 的对话框。

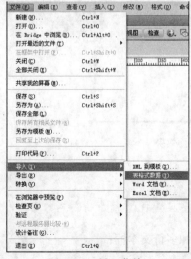

图 2-103　导入菜单

图 2-104　"导入表格式数据"对话框

"导入表格式数据"对话框的主要参数：

① 数据文件：包含表格式数据的.txt 格式文件。

② 定界符：选择与导入数据文件一致的定界符，有 5 个选项值，分别是"Tab"、"逗号"、"分号"、"引号"以及"其他"。

③ 表格宽度：导入表格的宽度。

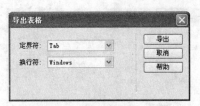

图 2-105 "导出表格"对话框

其他导入命令类似，此处不再赘述。

导出表格数据的操作是：选中表格，选择"文件"菜单→"导出"→"表格"命令，弹出"导出表格"对话框，如图 2-105 所示。选择数据的定界符及换行符，单击"导出"按钮，生成扩展名为.csv 的文件。这类文件可以在 Word、Excel 或 Dreamweaver 中插入。

2.6 任务 5——表单处理

浏览者在对网站进行访问的时候，常常要实现信息的交互，如发表留言，用户注册登录等。网站如何获取浏览者的这些信息呢？表单就是负责收集各种用户信息，当浏览者单击提交按钮时，服务器可以接收这些信息并对其进行处理。

2.6.1 任务与目的

本任务要求利用 Dreamweaver CS5 完成一个简单的个人求职申请表网页的制作，该页面包括一系列的表单控件，如图 2-106 所示。任务完成后能掌握基本表单页面的制作，掌握主要的表单控件。

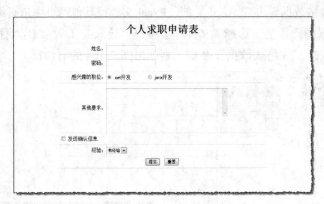

图 2-106 个人求职申请表页面效果

目的：

➤ 掌握表单及表单元素的概念；

➤ 能够添加表单域；

➤ 能够添加文本域，包括单行文本框、密码文本框和多行文本框；

➤ 能添加单选按钮和复选按钮，掌握其属性设置；

➢ 能够添加菜单和列表，掌握其属性设置；

➢ 能够添加按钮，掌握其属性设置。

2.6.2 操作步骤

具体操作步骤如下。

（1）新建一个文件名为 index.html 的 HTML 文件。切换到"设计"视图，编辑文本"个人求职申请表"，选中文本，对应的属性面板中设置"格式"为标题 1，选择"格式"菜单→"对齐"→"居中对齐"命令。

（2）在标题下面插入表单域。

选择"窗口"菜单→"插入"命令，打开"插入"面板。选择"插入"面板中的"表单"选项，单击图标为"▢"的表单选项，如图 2-107 所示。在页面中出现一个红色虚线方框，它就是插入的表单域，如图 2-108 所示。

插入表单的方法也可以通过选择"插入"菜单→"表单"→"表单"命令完成。

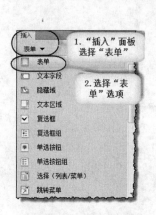

图 2-107 "插入"面板

图 2-108 插入表单域后呈现的状态

（3）利用表格布局。

在表单域中插入表格对表单域中的元素进行布局。具体操作是：将光标置于表单域内，选择"插入"→"表格"命令，插入 7×2 的表格，设置表格宽为 70%，边框、填充均为 0，间距设为 1。选择所有的单元格，在属性面板中设置高为 35px。

在第 2.5 节中已经介绍了细线表格的制作，将刚插入的表格制作成颜色为#FFCCFF 的细线表格。

（4）编辑表格。

选择第 5 行的两个单元格，点右键，在菜单中选择"表格"→"合并单元格"。同样的方法，选择第 7 行的两个单元格，鼠标右键单击，在弹出的菜单中选择"表格"→"合并单元格"命令，合并单元格。此时页面的效果如图 2-109 所示。

（5）输入文本。

在表格的单元格中输入文本，此时的页面如图 2-110 所示。

图 2-109 编辑表格

图 2-110 输入文本后的页面

（6）添加单行文本框。

将光标置于在第 1 行第 2 列的单元格，在"插入"面板中单击"▣▢"文本字段按钮，弹出"输入标签辅助功能属性"对话框。在对话框中可以设置文本框的 ID 及其他参数值，如图 2-111 所示。单击"确定"按钮，单元格中出现一个单行的文本框。

图 2-111 输入标签辅助功能属性对话框

切换到"代码"视图，添加单行文本框所产生的代码如下。

```
<input type="text" name="username" id="username" />
```

（7）添加密码文本框。

密码文本框是文本字段的一种特殊的类型，因此它的插入方法与单行文本框类似。

将光标置于第 2 行第 2 列的单元格，在"插入"面板中单击"▣▢"文本字段按钮，在单元格中出现一个单行文本框。更简单的方法：选择姓名文本框，用快捷键【Ctrl+C】复制，然后选中要粘贴的单元格并按快捷键【Ctrl+V】粘贴。

选中单行文本框，在属性面板修改其名称为 password，文本框的"类型"为密码，如图 2-112所示，此时的文本框则为密码文本框。

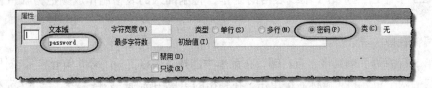

图 2-112 设置密码文本框

切换到"代码"视图，添加密码文本框所产生的代码如下。

```
<input type="password" name="password" id="password" />
```

（8）添加单选按钮。

将光标放在第 3 行第 2 列".net 开发"文本的前面,单击"插入"面板中"⊙"单选按钮,弹出"输入标签辅助功能属性"对话框。在对话框中设置其 ID 为"job1",单击"确定"按钮,单元格中出现一个单选按钮。

选中该单选按钮,在属性面板的"单选按钮"文本框设置名称为"job","选定值"设为 1,初始状态设置为"已勾选"。如图 2-113 所示。

图 2-113　设置第一个单选按钮

同样的方法,在"java 开发"文本前添加一个单选按钮。添加后,选择该单选按钮,在属性面板"单选按钮"文本框设置名称为"job","选定值"为 2。如图 2-114 所示。

图 2-114　设置第二个单选按钮

 同一组单选按钮必须使用相同的名称,否则不能保证同一组单选按钮只能选择一个。

切换到"代码"视图,添加单选按钮所产生的代码如下。

第一个单选按钮对应的 HTML 代码：`<input name="job" type="radio" id="job1" value="1" checked="checked" />`

第二个单选按钮对应的 HTML 代码：`<input type="radio" name="job" id="job2" value="2" />`

（9）添加文本区域。

将光标放在第 4 行第 2 列的单元格的位置。单击"插入"面板中"▭"文本区域按钮。在弹出的对话框中单击"确定"按钮,单元格中出现一个文本区域。

如果需要修改属性,可以选中文本区域在属性面板中修改。特别地,在属性面板中选择类型为单行时,文本区域变为单行文本框,选择密码时,文本区域则变为密码文本框。

在属性面板设置"行数"为 5,"字符宽度"为 45,如图 2-115 所示。

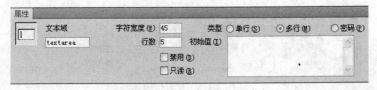

图 2-115　文本域属性面板

切换到"代码"视图,添加文本区域所产生的代码如下。

```
<textarea name="textarea" id="textarea" cols="45" rows="5"></textarea>
```

(10)添加复选框。

将光标放在第 5 行单元格要添加复选框的位置。单击"插入"面板中"☑"复选框按钮,在弹出的对话框中单击"确定"按钮,单元格出现一个复选框。选择复选框,在属性面板修改"初始状态"为"已勾选",如图 2-116 所示。

图 2-116　复选框属性面板

切换到"代码"视图,添加复选框所产生的代码如下。

```
<input name="checkbox" type="checkbox" id="checkbox" checked="checked" />
```

(11)添加列表/菜单。

将光标放在第 6 行第 2 列的单元格。单击"插入"面板中"▤"选择(列表/菜单)按钮,单元格出现一个菜单框。

此时的菜单框没有列表项。添加列表项的方法:选中菜单框,在属性面板中,单击"列表值"按钮,弹出"列表值"对话框,添加列表项。如图 2-117 所示。

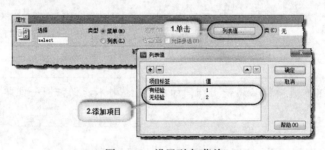

图 2-117　设置列表/菜单

切换到"代码"视图,添加菜单所产生的代码如下。

```
<select name="select" id="select">
    <option value="1">有经验</option>
    <option value="2">无经验</option>
</select>
```

(12)插入按钮。

将光标放在第 7 行的单元格。单击"插入"面板中"▢"按钮,单元格出现一个按钮。选中按钮,在属性面板中可以修改按钮的属性。"值"设置为"提交","动作"设置为"提交表单",如图 2-118 所示。

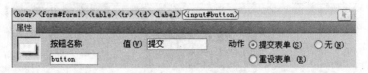

图 2-118　设置按钮

同样的方法,在提交按钮后面插入一个重置按钮。默认插入的按钮为"提交"按钮,在属性面板上修改"动作",将设为"重设表单"。

切换到"代码"视图,添加"提交"、"重置"按钮所产生的代码如下。

"提交"按钮:<input type="submit" name="button" id="button" value="提交" />
"重置"按钮:<input type="reset" name="button2" id="button2" value="重置" />

(13)保存页面,一个 HTML 的表单完成,浏览页面效果如图 2-107 所示。

当然,如果要实现与服务器交互,除了有表单外,还需要对应用程序等进行处理。因此,本任务完成的只是一个静态的表单页面。

2.6.3　相关概念及操作

1. 表单对象

在 DW 中称表单中出现的元素为表单对象,表单对象允许用户输入信息。下面是一些基本的表单对象。

➢ 文本域:包括单行文本字段、多行文本区域和密码字段。

➢ 隐藏域:存储用户输入的信息,并在该用户下次访问此站点时使用这些数据。

➢ 按钮:包括普通按钮、提交按钮和重置按钮。

➢ 复选框:可以选择多个选项。

➢ 单选按钮:只能选择一个选项。

➢ 列表菜单:下拉列表或菜单。

➢ 跳转菜单:给菜单列表的项目建立链接,通过选择相应的列表项,使用户跳转到指定的 URL。

➢ 文件域:多行文本框。

2. 相关标签

表单页面是由一组表单标签构成的,下面介绍几个主要的表单标签。

➢ <form>标签

<form>标签用于为用户输入创建 HTML 表单,是表单页面必不可少的标签。它属于双标签,语法格式为:<form>……</form>。该标签可以包括所有的表单对象。

将任务中完成的页面,切换到"代码"视图,可以看到页面添加表单及表单对象所对应的部分代码结构,如图 2-119 所示。

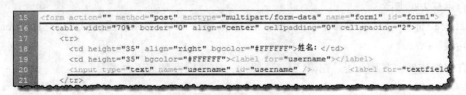

图 2-119　表单对应的代码

<form>标签有一组属性,其中 action 是必选属性。主要属性如表 2-9 所示。

表 2-9   <form>标签的主要属性

属 性 名	值	描 述
action	URL	当提交表单时，向何处发送表单数据
method	get、post	如何将表单数据传给服务器
name	name	表单的名称
target	_blank _parent _self _top Framename	规定如何打开 action 属性的 URL

➤ <input>标签

<input>标签用于收集用户信息。它属于单标签，语法格式为：<input />。<input>标签根据其 type 属性的值来决定输入字段的外观，输入字段可以是文本字段、复选框、单选按钮以及按钮等。

<input>标签的主要属性如表 2-10 所示。

表 2-10   <input>标签的主要属性

属 性 名	值	描 述
maxlength	数字	输入字段中的字符的最大长度
name	field_name	定义 input 元素的名称
src	URL	按钮中显示的图像的 URL
type	button	按钮
	checkbox	复选框
	file	文件域
	hidden	隐藏域
	image	图像域
	password	密码文本框
	radio	单选按钮
	reset	重置按钮
	submit	提交按钮
	text	单行文本框
value	value	规定 input 元素的值
size	number_of_char	输入字段的宽度

➤ <textarea>标签

<textarea>标签定义的是多行文本框。该标签属于双标签，语法格式为：<textarea>……</textarea>。

它有一组属性，其中 cols、rows 为必选属性，主要属性如表。

表 2-11   <textarea>标签的主要属性

属 性 名	值	描 述
cols	数字	文本区域的可见宽度
rows	数字	文本区域的可见行数
name	name_of_textarea	文本区域的名称
readonly	readonly	文本区域为只读

下面的代码包含一个文本区域，文本区域默认显示的内容是"hello"，文本区域的行数为 3 行，宽度为 20 个字符宽度。

```
<textarea rows="3" cols="20">
hello
</textarea>
```

➢ <select>标签

<select>标签用来创建单选或多选菜单列表，负责收集用户在菜单列表输入的信息。它属于双标签，语法格式为：<select>……</select>。该标签配合<option>标签一起使用。

➢ <option>标签

<option>标签用来定义菜单列表中的一个选项（项目）。该标签属于双标签，语法格式为：<option>……</option>。<option>标签中的内容作为<select>标签的菜单/列表中的一个元素显示。

任务中插入的列表菜单对应的代码如下，可以看出 select 标签与 option 标签之间的结构关系。

```
<select name="select" id="select">
        <option value="1">有经验</option>
        <option value="2">无经验</option>
</select>
```

<option>标签主要属性如下表所示。

表 2-12　　　　　　　　　　　　　<option>标签的主要属性

属 性 名	值	描 述
selected	selected	选项表现为选中状态，否则未选中
value	text	表示送往服务器的选项值

3. Dreamweaver CS5 创建表单对象

在 Dreamweaver CS5 中表单对象的创建主要有以下两种方法。

➢ 将光标置于要插入表单对象的位置，选择"插入"→"表单"菜单，在菜单中选择合适的命令插入所需要的表单对象，如图 2-120 所示。

图 2-120　"表单"菜单

➤ 选择"窗口"→"插入"命令，打开"插入"面板，选择表单选项，从面板中单击相应的按钮插入所需的表单对象。

2.7 任务 6——框架结构

框架是网页中比较常用的布局方式。使用框架可以将同一浏览窗口划分成多个区域，每个区域就是一个框架（Frame），不同的框架将显示不同的网页。

2.7.1 任务与目的

本任务要求利用框架布局页面，页面的顶部是标题，显示的是 top.html 页面，左侧是导航栏，显示的是 left.html 页面。单击导航栏的链接时，相关内容在右侧窗口显示，如显示页面 right1.hmtl 或 right2.html，效果如图 2-121 所示。

图 2-121 框架布局的页面效果

目标：
➤ 掌握框架和框架集的概念；
➤ 掌握如何创建并保存框架和框架集；
➤ 掌握如何设置框架集属性；
➤ 掌握如何嵌套框架 iframe；
➤ 掌握如何在框架集中创建超链接。

2.7.2 操作步骤

（1）新建站点。

在站点中新建 4 个普通的 HTML 页面，分别保存为 top.html、left.html、right1.html 和 right2.html。各个页面的效果如图 2-122 所示。

（2）创建框架页面。

新建一个普通的 HTML 页面，选择"插入"菜单→"HTML"→"框架"→"上方及左侧嵌套"命令，此时弹出"框架标签辅助功能属性"对话框，

图 2-122 四个页面效果图

对话框中可以为每个框架设置一个标题，如图 2-123 所示。此时网页变成如图 2-124 所示的效果。当然，也可以单击"取消"按钮用默认的标题名称。

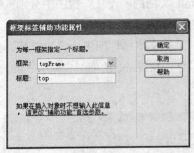

图 2-123　框架标签辅助功能属性对话框

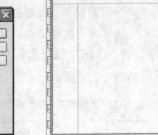

图 2-124　添加框架的页面

（3）打开框架面板。

选择"窗口"菜单→"框架"命令，打开框架面板。框架面板如图 2-125 所示。

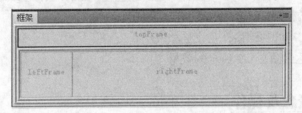

图 2-125　框架面板

（4）设置各个框架及框架集的属性。

在"框架"面板中选中上框架 topFrame，显示 topFrame 的属性面板。修改该框架显示的文档，设置框架源文件为 top.html。选定左框架 leftFrame，显示 leftFrame 的属性面板，设置框架源文件为 left.html。选定右框架 rightFrame，显示 rightFrame 的属性面板，设置框架的源文件为 right1.html。如图 2-126 所示。

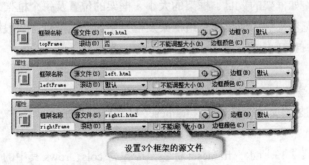

图 2-126　设置 3 个框架的源文件

（5）保存框架集文件及框架文件。

由于在框架中使用的源文件 top.html、left.html 和 right1.html 已经保存，选择"保存全部"命令，弹出一个"另存为"对话框，将框架集文件保存为 index.html。

每个框架都对应一个 HTML 文档，如果框架集文件所包含的框架文件没有保存，则应保存所

图 2-127　保存页面提示框

有的框架文件。选择"保存全部"命令，将弹出 3 次类似图 2-127 所示的对话框，提示保存其框架文档。

（6）创建左侧超链接。

➤　在 index.html 文档的"设计"视图中分别选择左窗口需要创建超链接的文本，如"第一章"。

➤　选择文本后，在文本属性面板中设置链接，浏览选择文件 right1.html。在属性面板中设置"目标"，选择名称为 rightFrame 的框架，表示 right1.html 将在名称为 rightFrame 框架中显示，如图 2-128 所示。

图 2-128　设置框架中的超链接

➤　选择"第二章"，在文本属性面板中设置链接，浏览选择文件 right2.html。设置目标，选择名称为 rightFrame 的框架。

➤　将页面其他文本的超链接补充完整。

（7）预览页面，达到图 2-122 所示的效果。

2.7.3　相关概念及操作

1．框架与框架集

框架（Frame）是浏览器窗口中的一个区域。在网页中添加框架后，可以将一个浏览器窗口划分为多个区域。每个区域对应一个框架，不同的框架中将会对应显示与其他框架相独立的 HTML 文档。

框架集（Frameset）是一个 HTML 文件。它可以包含有多个框架，因此一个框架集定义了一组框架的布局和属性，如框架的数目、框架的大小、框架的位置及每个框架对应的源文件。框架集文件的作用是向浏览器提供如何显示一组框架及框架中的文档信息，一般情况下其本身并不包含在浏览器中显示的 HTML 内容。

2．相关标签

➤　<frameset>标签

<frameset>标签用来定义一个框架集。frameset 标签属于双标签，语法格式为<frameset>……</frameset>。

它的主要属性如表 2-13 所示，frameset 标签至少包含 cols、rows 其中的一个属性。

表 2-13　　　　　　　　　　　　　　　　<frameset>标签的主要属性

属 性 名	值	描　　述
cols	pixels、%、*	定义框架集中列的数目和尺寸，取值以像素或百分比为单位
rows	pixels、%、*	定义框架集中行的数目和尺寸，取值以像素或百分比为单位

> <frame>标签

<frame>标签定义 frameset 中一个特定的框架。frame 标签属于单标签,语法格式为:<frame />。它的主要属性如表 2-14 所示。每个框架都可以设置不同的属性。

表 2-14　　　　　　　　　　　　　　<frame>标签的主要属性

属 性 名	值	描　　述
frameborder	0、1	是否显示框架周围的边框。取值为 1 表示显示框架的边框,取值为 0 表示不显示框架的边框
name	name	规定框架的名称
scrolling	yes、no、auto	规定是否在框架中显示滚动条,取值为 yes 表示框架中出现滚动条,取值为 no 表示框架中不出现滚动条,取值为 auto 表示根据框架中显示的文档判断是否出现滚动条
src	URL	规定在框架中显示的文档的 URL

下面是一个简单的三框架页面代码,其中,rows 属性包括三个框架的大小,第一个框架的行高占 25%的页面大小,第二个框架的行高占 50%的页面大小,第三个框架的行高占 25%的页面大小;src 属性表示第一个框架显示 frame_a.html 文件,第二个框架显示 frame_b.html 文件,第三个框架显示 frame_c.html 文件。

```
<html>
<frameset rows="25%,50%,25%">
 <frame src="frame_a.html">
 <frame src="frame_b.html">
 <frame src="frame_c.html">
</frameset>
</html>
```

<frameset></frameset> 标签不能与<body></body> 标签一起使用,如上例中的代码并不包含 body 标签。

> <noframes>标签

<noframes>标签可以为不支持框架的浏览器显示文本,但显示的文本必须包含在<body></body>标签中。下面的代码包含<noframes>标签,表示当浏览器不支持框架时,在浏览器中显示“您的浏览器无法处理框架”,否则显示三框架页面。

```
<html>
<frameset cols="25%,50%,25%">
 <frame src="frame_a.html">
 <frame src="frame_b.html">
 <frame src="frame_c.html">
<noframes>
<body>您的浏览器无法处理框架! </body>
</noframes>
</frameset>
</html>
```

3. 框架的基本操作

> 创建框架

创建框架主要有下面 3 种方法。

方法一：选择"文件"菜单→"新建"命令，弹出"新建文档"对话框，如图 2-129。在对话框中选择"示例中的页"，在示例文件夹中选择"框架页"。示例页中有 15 种框架选项，选择其中一种，单击"创建"按钮。

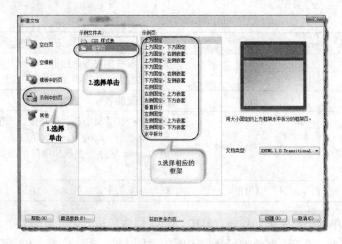

图 2-129　从"新建文档"对话框中创建框架

方法二：打开 HTML 文件，选择"插入"菜单→"HTML"→"框架"菜单下的相应命令创建框架，如图 2-130 所示。

方法三：打开 HTML 文件，在"插入"面板中选择"布局"选项，单击"框架"选择其中的一种结构创建，如图 2-131 所示。

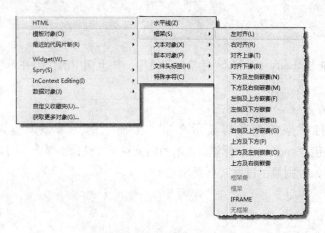

图 2-130　从菜单中创建框架　　　　　　　图 2-131　从插入面板插入框架

➤ 选定框架及框架集

有两种方法可以选中框架页面对应的框架。

方法一：在"设计"视图中，同时按下【Shift+Alt】键，单击某个框架内部区域，该框架将被选中，选中后框架周围出现黑色虚线。图 2-132 反映选中了的框架在"设计"视图中的状态。

方法二：选择"窗口"菜单→"框架"命令，打开"框架"面板。在框架面板中单击某个框架，即选中该框架。图 2-132 反映选中了的框架在"框架"面板中的状态。

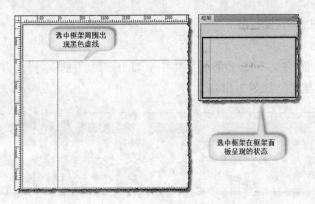

图 2-132　选定的框架状态

选中框架集的方法也有两种方法。

方法一：单击框架的边框，整个框架集被选中，选中后框架集周围出现黑色虚线。此时标签检查器中出现的标签为<frameset>。

方法二：在框架面板中单击框架的外边框，选中框架集。

➢　修改框架

建立框架后，可以对框架进行修改，如框架的大小、框架的属性等。这些操作可以直接在"设计"视图中进行修改，也可以在框架的属性面板中进行修改。

① 编辑框架。

可以直接在框架页面中直接编辑框架，此时编辑框架同在普通 HTML 页面上的方法一致。也可以在框架对应的源文件中编辑框架。

当框架对应的源文件编辑完后保存，将会更新至框架页面。

② 调整框架的大小。

最简单的方法：将鼠标移到框架的边缘，当鼠标的指针变为"↔"或"↕"形状时，拖动鼠标，即可调整大小。

③ 删除框架。

鼠标拖动需删除的框架的边框，直到另一条边框处，框架被删除。

④ 框架集的属性设置。

选择"窗口"菜单→"框架"命令，打开框架面板，选择框架的外边框，选中整个框架。此时的属性面板为框架集对应的属性面板，如图 2-133 所示，在属性面板中可以设置属性。

图 2-133　框架集的属性设置

框架集的属性面板可以设置以下属性。

边框：表示框架是否要边框。有三个值可供选择：是、否和默认。

边框颜色：指定边框的颜色。

边框宽度：指定边框宽度的值。

⑤ 框架大小设置。

在框架集的属性面板中，可以设置框架集中框架的行高、列宽。操作方法是：选中框架集的外边框，选中整个框架集，如图 2-134。

图 2-134　属性面板选择框架

属性面板中单击框架集的某个框架后，在"行"或"列"后面的文本框中设置该框架的行高或列宽。值的单位包括像素，百分比及相对比。

⑥ 框架的属性设置。

打开框架面板，单击选择需要修改的框架，此时的属性面板为选中框架的属性面板。如图 2-135 所示，在框架的属性面板中设置属性。

图 2-135　框架的属性设置

框架的主要属性有如下几种。

框架名称：用来设置框架的名字，不同的框架名称不同。

源文件：在框架内显示的 HTML 文件的 URL。

边框：设置框架是否需要边框。有 3 种取值，分别为是、否和默认。

边框颜色：设置框架边框的颜色。

滚动：设置框架是否需要滚动条。有 4 种取值：是、否、自动和默认。

不能调整大小：如果该选项选中，则用户在浏览框架页面时不能调整框架的大小，否则框架可以调整大小。

边界宽度：设置框架中的内容与左边框、右边框之间的距离，以像素为单位。

边界高度：设置框架中的内容与上边框、下边框之间的距离，以像素为单位。

➤　嵌套框架

嵌套框架指框架集内包含框架集。使用嵌套框架可以为一个文档创建多个框架，大多数使用框架的网页实际上都使用嵌套框架。设计者可以都过 DW CS5 中预设的框架集来创建嵌套框架，也可以自定义嵌套框架。

创建嵌套框架的具体操作步骤如下所示。

第一步：将光标放置在待插入嵌套框架集的某框架中。

第二步：执行以下操作之一，即可创建嵌套的框架集。

① 选择"插入"→"html"→"框架"命令，从弹出的子菜单中选择任意一个选项。

② 选择"修改"→"框架集"命令，从弹出的子菜单中选择任意一个选项，如图 2-136 所示。

③ 在"框架"面板中选择一个插入框架图标按钮。

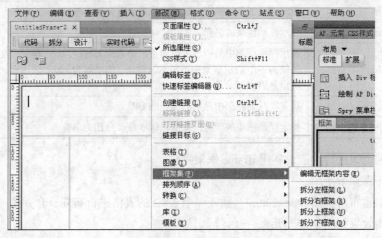

图 2-136　嵌套框架的创建

切换到"代码"视图，下面的代码是某个嵌套框架所生成的，嵌套框架具有<frameset>标签嵌套<frameset>标签的结构。

```
<frameset rows="80,344">
 <frame src="right2.html" id="top" name="top">
 <frameset cols="158,594">
  <frame src="left.html" id="left" name="left">
  <frame src="right.html" id="right" name="right">
 </frameset>
</frameset>
```

➢ 保存框架及框架集文件

一个页面如果有 N 个框架，那么它将对应 N+1 个 HTML 文件，其中有 N 个框架文件，1 个框架集文件。因此保存时除了保存框架集文件，还需要保存各个框架对应的源文件。

保存方法主要有两种。

方法一：选择"文件"→"保存全部"命令，同时保存框架集文件及框架文件。但这种方法时常不清楚当前保存的对应哪个框架。

方法二：将鼠标依次放置在每个框架中，选择"文件"→"保存框架"命令或者按下快捷键【Shift+S】，保存所有的框架。选中框架集外边框，按快捷键【Shift+S】，保存框架集。

4．浮动框架 iframe

浮动框架也称为内嵌框架，是一种特殊的框架。它是一个独立的框架，可以嵌入在网页中的任意部分，常常用来布局，如可以在表格中插入浮动框架。

浮动框架对应的 XHTML 标签是<iframe>，通过该标签可以包含另外一个 HTML 文件文档的内嵌框架。它属于双标签，语法格式为：<iframe>……</iframe>，如果浏览器不支持 iframe，则可以将相应的内容放置在<iframe>与</iframe>之间。

<iframe>标签的主要属性如表 2-15 所示。

表 2-15   <iframe>标签的主要属性

属 性 名	描 述
align	规定浮动框架与周围元素的对齐方式。XHTML 建议使用样式代替
frameborder	表示框架周围的边框是否显示。如果值为 1 表示显示，值为 0 表示不显示
height	指定浮动框架的高度。取值以像素或百分比为单位
name	表示浮动框架的名称
scrolling	表示浮动框架中是否显示滚动条。如果值为 yes，表示框架中显示滚动条；如果值为 no，表示框架中不显示滚动条；如果值为 auto，表示框架中显示的文档决定是否有滚动条
src	指定在浮动框架中显示的文档的 URL
width	指定浮动框架的宽度，取值以像素或百分比为单位

将任务中的页面进行改造，利用 iframe 框架完成。

具体操作步骤如下所示。

步骤一：新建布局页面 index2.html。插入一个 2×2 的表格进行布局，合并第一行的单元格，输入文本，页面效果如图 2-137 所示。

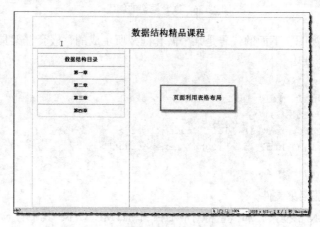

图 2-137   表格布局的页面

步骤二：插入浮动框架 iframe。

将光标置于第 2 行第 2 列的单元格，选择"插入"菜单→"HTML"→"框架"菜单下的"IFRAME"命令，在单元格中出现浮动框架，如图 2-138 所示。

切换到"代码"视图，插入 iframe 所产生的代码如下。

```
<iframe></iframe>
```

浮动框架的所有属性取默认值，需要对该框架进行属性设置。

步骤三：修改 iframe 的属性。

选中 iframe，切换到"代码"视图，在<iframe>标签中修改其为：

```
<iframe name="in" src="right1.html" width="100%" height="100%" frameborder="0">
```

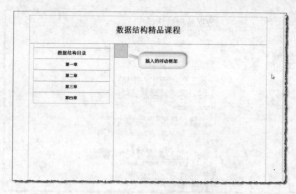

图 2-138　单元格插入浮动框架

其中浮动框架的名称取值为"in"，src 表示 iframe 显示的源文件，frameborder 为 0 表示 iframe 无边框，width 和 height 的值确定 iframe 的大小与单元格的大小相同。修改后预览页面如图 2-139 所示。代码中没有设置 iframe 的滚动条的值，因此浮动框架会根据显示的内容判断是否出现滚动条。

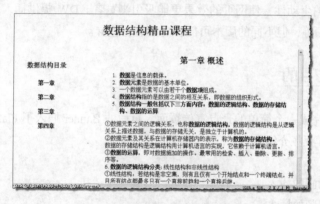

图 2-139　修改 iframe 属性后的页面

步骤四：制作浮动框架的超链接。

要求单击超链接时，链接文件在名称为 in 的浮动框架中显示。

选择"第一章"，在对应的属性面板的"链接"中选择文件 right1.html，在"目标"文本框中直接输入 in；选择"第二章"，在对应的属性面板的"链接"中选择 right2.html，在"目标"文本框输入 in，如图 2-140 所示。

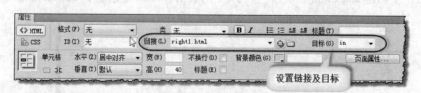

图 2-140　设置文本超链接

如果有其他超链接，做同样的处理。

步骤五：保存预览，效果如图 2-141 所示。

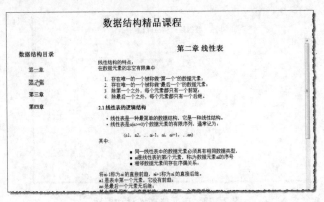

图 2-141 使用 iframe 框架的页面

2.8 任务 7——插入多媒体元素

多媒体技术的迅速发展，使得大量的多媒体元素应用到网页，改变了传统的文本加图片的网页效果，增强了网页的生动性，使网页的效果更能吸引浏览者。DW 提供插入多媒体的功能，如 Flash 动画、Flash 视频等，但不同的版本可能在功能有些差异。

2.8.1 任务与目的

本任务要求制作完成一个简单的景点宣传页面。页面的 Banner 插入了 Flash 动画，页面的正文部分通过插入 Flash 视频介绍景点。

目的：

➢ 掌握 Flash 动画的插入。

➢ 掌握 Flash 视频的插入。

➢ 掌握多媒体元素的属性设置等。

2.8.2 操作步骤

（1）建立一个名为"travel"的站点。

在站点目录下创建 index.html。插入一个 5×1 的表格，表格宽度设为 562px，如图 2-142 所示。

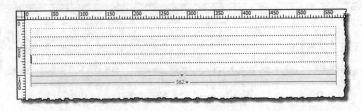

图 2-142 插入布局表格

（2）设置表格及单元格的属性。

将光标置于第 1 行的单元格，在属性面板中设置高度为 101px。

设置第 1 行单元格的背景图像，具体操作是如下。

➤　单击属性面板的 CSS 选项卡，在目标规则中选择"新内联样式"，然后单击"编辑规则"按钮，如图 2-143 所示，弹出"<内联样式>的 CSS 规则定义"对话框，如图 2-144 所示。

图 2-143　编辑规则

图 2-144　设置背景图片

➤　在对话框中选择"背景"类别，单击"浏览"按钮选择背景图片 bg.jpg。单击"确定"按钮后，单元格添加了背景图片。

此步操作是利用 CSS 样式给单元格添加背景图片，有关 CSS 样式这部分内容将在第 3 章详细阐述。

（3）插入 Flash 动画并对其属性进行设置。

将光标置于第 1 行的单元格，选择"插入"菜单→"媒体"→"SWF"命令，弹出"选择 SWF"对话框。

选择 Flash 文件 bg1.swf。单击"确定"按钮后，在单元格中插入了图标为""Flash 动画，如图 2-145 所示。

图 2-145　插入 Flash 动画后页面效果

选定 Flash 对象，单击属性面板的"播放"按钮，将播放 Flash 对象，效果如图 2-146 所示。

图 2-146　播放 Flash 动画

图 2-146 显示的效果有两个问题：一是 Flash 的背景颜色遮盖了背景图像；二是 Flash 的尺寸与单元格的大小不一致。如何解决呢？

➤　在属性面板中修改 Flash 对象的属性，将其宽度设为 562px，高度设为 101px，尺寸与单元格的大小相符合。

➤　选中 Flash 对象，在属性面板中将 Wmode 属性设置为透明，将 Flash 的背景颜色设置为透明，如图 2-147 所示。保存预览页面如图 2-148 所示。

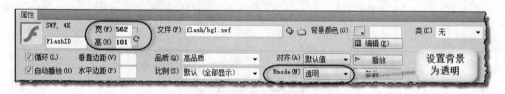

图 2-147　设置 Flash 的背景为透明

图 2-148　设置后的页面效果

（4）创建页面的导航条。

将光标放入第 2 行的单元格，右键单击选择"表格"→"拆分单元格"，弹出"拆分表格"对话框。将单元格拆分成 4 列，单击"确定"按钮，将第 2 行的单元格拆分成 4 列。

在第 2 行中的单元格中依次输入"首页"、"景点介绍"、"网上留言"以及"联系我们"。依次选中每个单元格的文本，在属性面板中的"链接"文本框中输入"#"，创建空链接，如图 2-149 所示。

选中所有的单元格，在属性面板中设置高度为 30px，水平居中对齐，如图 2-149 所示。

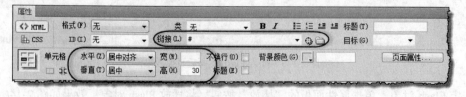

图 2-149　属性设置

（5）插入 Flash 视频。

➤ 将光标放入第三行的单元格，将单元格的属性面板中的"水平"设置为居中对齐。

➤ 输入"走近蝴蝶谷"文本，设置文本的格式为"标题 1"。

➤ 在文本的下面插入 Flash 视频。

选择"插入"菜单→"媒体"→"FLV"命令，弹出"插入 FLV"对话框，如图 2-150 所示。

图 2-150　"插入 FLV"对话框

对话框中的主要参数及其含义如下所示。

① 视频类型：将 FLV 视频传给浏览者的方式。有两种方式分别为累进式下载视频和流视频。默认为累进式下载视频。

累进式下载视频将 FLV 文件下载到站点访问者的硬盘上，然后进行播放，但这种方式允许在下载完成之前就开始播放视频文件。

流视频先对视频内容进行流式处理，并在一段可确定能流畅播放的很短的缓冲时间后在界面上播放。

② URL：指定 FLV 文件的路径。单击"浏览"按钮，选择相应的 FLV 文件。

③ 外观：表示播放界面，即视频组件的外观。所选外观可以在"外观"下拉列表下方进行预览。

④ 宽度、高度：FLV 文件的宽度、高度，值以像素为单位。

⑤ 检测大小：单击该按钮，可以获取所选 FLV 文件的精确宽度及高度。

⑥ 限制高宽比：保持视频组件的高度和宽度之间的比例不变。

⑦ 自动播放：选中该复选框，表示页面打开时播放视频，否则表示页面打开时不播放视频。

⑧ 自动重新播放：选中该复选框，表示视频文件播放完后重新播放，否则视频文件不会重新播放。

对话框的参数设置完成后，单击"确定"按钮，单元格中插入了图标为"　"Flash 视频，如图 2-151 所示。

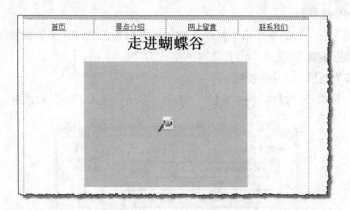

图 2-151　插入 FLV 视频的页面

（6）将光标置于最后一行，设置单元格水平居中对齐。在单元格中输入版权信息等文本。保存页面，按【F12】预览，效果如图 2-152 所示。

图 2-152　页面最终效果

2.8.3　相关概念及操作

1．相关标签

➢ <object>标签

将上面的任务中完成的 index.html 切换到代码视图，可以看到插入的 Flash 动画或 Flash 视频都使用了<object>标签。该标签可以定义一个嵌入的对象，包括视频、Java applets、ActiveX 等。几乎所有主流浏览器都拥有部分对 <object> 标签的支持。

<object>标签属于双标签，语法格式为<object>……</object>，几乎所有的浏览器都支持该标签。如任务中插入 Flash 动画，会添加如图 2-153 所示代码。

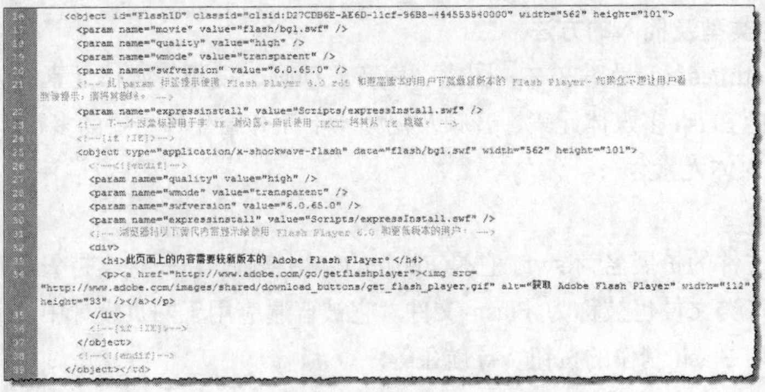

```
<object id="FlashID" classid="clsid:D27CDB6E-AE6D-11cf-96B8-444553540000" width="562" height="101">
  <param name="movie" value="flash/bg1.swf" />
  <param name="quality" value="high" />
  <param name="wmode" value="transparent" />
  <param name="swfversion" value="6.0.65.0" />
  <!-- 此 param 标签提示使用 Flash Player 6.0 r65 和更高版本的用户下载最新版本的 Flash Player。如果您不想让用户看到该提示，请将其删除。 -->
  <param name="expressinstall" value="Scripts/expressInstall.swf" />
  <!-- 下一个对象标签用于非 IE 浏览器。所以使用 IECC 将其从 IE 隐藏。 -->
  <!--[if !IE]>-->
  <object type="application/x-shockwave-flash" data="flash/bg1.swf" width="562" height="101">
    <!--<![endif]-->
    <param name="quality" value="high" />
    <param name="wmode" value="transparent" />
    <param name="swfversion" value="6.0.65.0" />
    <param name="expressinstall" value="Scripts/expressInstall.swf" />
    <!-- 浏览器将以下替代内容显示给使用 Flash Player 6.0 和更低版本的用户。 -->
    <div>
      <h4>此页面上的内容需要较新版本的 Adobe Flash Player。</h4>
      <p><a href="http://www.adobe.com/go/getflashplayer"><img src=
"http://www.adobe.com/images/shared/download_buttons/get_flash_player.gif" alt="获取 Adobe Flash Player" width="112"
height="33" /></a></p>
    </div>
    <!--[if !IE]>-->
  </object>
  <!--<![endif]-->
</object></td>
```

图 2-153　插入 Flash 动画产生的代码

<object>标签包括一组属性，主要属性如表 2-16 所示。

表 2-16　<object>标签的主要属性

属 性 名	描　述
classid	属性用于指定浏览器中包含的对象的位置，通常是一个 Java 类
width	表示对象的宽度
height	表示对象的高度
name	表示对象定义唯一的名称，该值将会出现在脚本中

➢ <param>标签

<param>标签为插入页面的对象规定 run-time 设置，换言之，它可为包含它的 <object>标签提供参数。该标签属于单标签，它的语法格式如下：

```
<object>
<param />
<param />
……
</object>
```

多个<param>表明向<object>传递多个参数。因此<param>标签包括必选属性和可选属性，如表 2-17 所示。

表 2-17　<param>标签的主要属性

属 性 名	描　述
name	定义参数的名称
type	表示参数的 MIME 类型
value	表示参数的值
valuetype	表示值的 MIME 类型

其中 name 为必选属性，它定义了参数的名称，这些参数的名称将会用在脚本中，并且在<param>标签中的 name 值不允许相同。如在图 2-154 中出现了这样的代码段。

```
<param name="quality" value="high" />
<param name="wmode" value="transparent" />
<param name="swfversion" value="6.0.65.0" />
<param name="expressinstall" value="Scripts/expressInstall.swf" />
```

2．多媒体的类型及插入的方法

多媒体（Multimedia）是对文本、图像、声音、动画、视频等媒体元素的统称。页面中的多媒体元素主要是指 Flash 多媒体元素、音频及视频。下面介绍几种主要的多媒体元素。

➢ Flash 多媒体元素

① SWF 文件

这类多媒体文件的扩展名为.swf。它是 Flash 的专用格式，是一种支持矢量和点阵图形的动画文件格式，因此该类文件也被称为 Flash 文件。它被普遍应用于网页设计中，大大地增强了网页的吸引力，如使用 Flash 制作的按钮、导航条等。

这类文件插入页面的步骤是：

首先，在页面的"设计"视图中，将插入点放置在需要插入文件的位置，然后在"插入面板"的"常用"类别中，选择"媒体"，单击 SWF 图标 " $\mathcal{F}$ "或者选择"插入"菜单→"媒体"→"SWF"命令。

然后，在出现的"选择 SWF"对话框中选择待插入的"SWF"文件，在页面的"视图"窗口显示一个 SWF 文件占位符。

最后，保存文件。

特别地，SWF 文件添加完后，DW 会自动添加两个文件（expressInstall.swf 和 swfobject_modified.js）保存到站点中的 Scripts 文件夹，如果 Scripts 文件夹不存在，DW 会自动创建。在将 SWF 文件上传到 Web 服务器时，这两个文件也需要上传，否则浏览器将无法正确显示 SWF 文件。

② FLV 文件

这类多媒体文件的扩展名是.flv，它是 Flash 视频文件，是一种新的流媒体视频格式。它的特点是文件小、载入速度快，使得网络观看视频文件成为可能而且变得流畅。它的出现有效地解决了视频文件变成 SWF 文件后体积庞大，不能很好地在网络上的使用等缺陷。

利用 DW 可以轻松地向网页中插入一个显示 FLV 文件的 SWF 组件，当用浏览器浏览时，不仅可以显示 FLV 视频，还可以显示一组播放控件，如播放按钮等。具体插入的步骤如下。

首先，选择"插入"菜单→"媒体"→"FLV"命令，弹出"插入 FLV"对话框。

然后，在"插入 FLV"对话框中，选择相应"视频类型"、"URL"（FLV 文件的路径）、"外观"（视频组件的外观）等选项。

最后，单击"确定"按钮，将 FLV 文件添加到网页上。

➢ Shockwave 文件

这类文件的扩展名是.dcr，它是利用 Director 制作的。播放 Shockwave 动画同 Flash 一样，需要安装播放器插件 Adobe Shockwave player。

插入这类文件的方法是：选择"插入"菜单→"媒体"→"Shockwave"命令，弹出"选择文件"对话框。选择待插入的 Shockwave 动画，单击确定在网页中显示一个 Shockwave 动画占位符。

➢ 音频文件

网页中可以添加声音，可以插入多种类型的声音文件，如.wav、.midi 和.mp3 等格式的文件。不同的音频文件在网页中呈现的效果不同。音频文件既可以直接插入页面，也可以作为页面的背景音乐插入。

① 直接插入音频文件

音频文件可以直接插入到页面中，但浏览者只有具备所选声音文件的插件才可以播放文件。插入音频文件具体操作如下。

首先，在页面的"设计"视图中，将光标置于要插入的位置。

然后，在"插入"面板的"常用"类别中，单击"媒体"按钮，然后从弹出菜单中选择"插件"按钮，或者选择"插入">"媒体">"插件"。弹出"选择文件"对话框，选择相应的音频文件。

最后，单击"确定"。在网页上出现音频的占位符图标"插"。

注意　　选定插件占位符，可以在属性面板中修改高度和宽度，从而调整占位符的大小。图 2-154 反映了页面中插入了一个插件，当前插件占位符的高、宽为 32px，这些值意味着音频控件在浏览器中的宽、高为 32px。

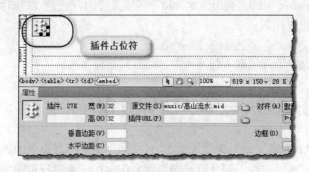

图 2-154　插件占位符

浏览页面，网页能正常播放音频文件，但播放控件的大小可能不合适，如图 2-155 所示。

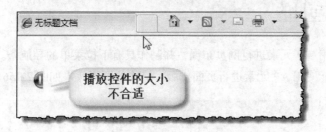

图 2-155　插件的尺寸出现的

修改方法：在"设计"视图中选中音频占位符，属性面板中将宽、高的值去掉，播放控件将正常显示。

将视图切换到"代码"视图，可以发现插入的音频文件是利用标签<embed>完成的，代码如下：

```
<embed src="music/高山流水.mid"></embed>
```

<embed>标签可以用来插入多种多媒体元素，如 midi、wav 等格式文件。它属于双标签，语法格式为<embed>……</embed>。

该标签有几个主要属性，如表 2-18 所示。

表 2-18   \<param\>标签的主要属性

属 性 名	描 述
src	表示音频等文件的 URL
autostart	设置文件是否自动播放
loop	设置是否自动反复播放
hidden	表示是否隐藏播放组件

② 作为背景音乐嵌入网页

背景音乐嵌入到网页，需要利用\<bgsound\>标签。该标签主要是用来插入背景音乐的，但只适用于 IE 浏览器，并且当浏览器窗口最小化时，背景音乐将停止播放。并且该标签能适用的音频文件格式也比较少。

\<bgsound\>标签是单标签，它的语法格式是：\<bgsound /\>。它有一组属性，其中 src 表示设定文件的路径；loop 表示是否自动反复播放，值为-1 表示重复多次。

插入站点文件夹 music 中的"高山流水.mid"音频文件的方法是：视图切换到"代码"视图，在\<body\>标签后输入以下代码。

```
<bgsound src="music/高山流水.mid" loop ="2" />
```

其中音频文件作为背景音乐嵌入到网页中，并且只播放两次。

2.9 任务 8——AP DIV 元素

AP DIV 也称为 AP 元素（绝对定位元素），它在网页中发挥着重要的作用。利用它可以有效地将页面中的任何元素准确定位，因此设计者可以利用 AP 元素进行页面的精确布局。它也可以与行为结合实现页面的特效，给浏览者带来视觉冲击，有关行为将在第 5 章介绍。

2.9.1 任务与目的

本任务要求利用 AP 元素进行网页布局，并制作具有下拉菜单的导航条。目标是掌握 AP 元素的创建与编辑，能使用 AP 元素进行页面排版。最终的页面效果如图 2-156 所示。

图 2-156　页面效果图

2.9.2　操作步骤

1．AP 元素的创建

（1）新建 HTML 页面，保存为 index.html。单击"窗口"菜单中的"插入"命令，显示"插入"面板。选择"插入"面板中的"布局"选项，单击"绘制 AP Div"按钮，然后在页面上拖动鼠标，添加第一个 AP 元素，如图 2-157 所示。

特别地，如果希望更有准备地绘制 AP 元素，可以设置网格。方法如下所示。

➤　单击"查看"菜单中的"网络设置"命令，弹出如图 2-158 所示的对话框。

➤　勾选"显示网格"和"靠齐到网格"前的复选框，页面会出现网格，页面元素会自动靠齐到网格。

➤　设置网格线之间的间距为 10px。间距越小，定位越精确。

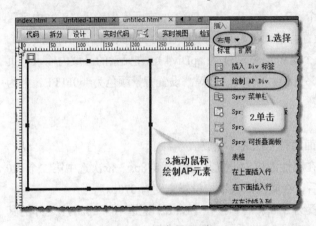

图 2-157　创建 AP 元素

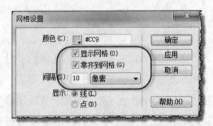

图 2-158　网格设置对话框

（2）在页面上创建完成这个 ID 为"apDiv1"的 AP 元素，该 AP 元素用来作为页面的 Banner，因此在该 AP 元素中输入"Banner"字样。单击标签选择器选择\<div#apDiv1\>标签或者选中 AP 元素，可以在属性面板中对其进行属性设置，如图 2-159 所示。设置 apDiv1 的背景颜色为#0000FF，以区别其他待添加的 AP 元素，宽度为 878px，高度为 260px，左为 20px，上为 0px。

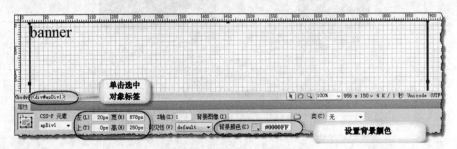

图 2-159　设置 AP 元素的属性

切换到"代码"视图，下面是在页面创建 AP 元素所产生的两部分代码。

在\<head\>标签内产生的代码：

```
#apDiv1 {
    position:absolute;
    left:20px;
    top:0px;
    width:878px;
    height:260px;
    z-index:1;
    font-size: 36px;
    background-color: #0000FF;
}
```

在<body>标签内产生的代码：

```
<div id="apDiv1"></div>
```

（3）在紧接着第一个 AP 元素的下方添加第二个 AP 元素（ID 为 apDiv2），在元素内输入"导航栏"字样，该区域准备作为页面中插入导航栏的部分。设置背景颜色为#FF00FF，上为 260px，高为 40px。

（4）在第二个 AP 元素下方创建第三个 AP 元素（ID 为 apDiv3），在元素内输入"正文内容"，该区域准备作为页面的正文内容部分。设置背景颜色为#FFFF00，上为 300px，高为 155px。

（5）在第三个 AP 元素下方创建第四个 AP 元素（ID 为 apDiv4），在元素的区域内输入"页脚"字样，该区域准备作为页面的页脚部分，插入版权信息等。设置背景颜色为#00FFFF，上为 455px，高为 135px。

2．设置 AP 元素的宽度

给页面的 AP 元素设置宽度。选择下面两种方法之一完成。

➢ 方法一：选中第一个 AP 元素，在属性面板中设置其宽度为 878px。依次选中第二个 AP 元素、第三个 AP 元素、第四个 AP 元素后，在属性面板中均设置宽度为 878px。

➢ 方法二：第一个 AP 元素宽度设置为 878px 后，按住【Shift】键选中除 apDiv1 之外的其他三个 AP 元素，最后选择 apDiv1。单击"修改"菜单→"排列顺序"→"设成宽度相同"命令，如图 2-160 所示，其他三个 AP 元素的宽度将会设置为 apDiv1 的宽度值。

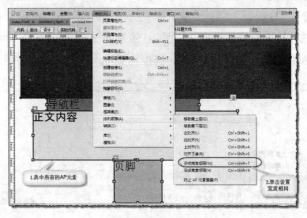

图 2-160　对齐 AP 元素

3．对齐 AP 元素

图 2-160 可以看到插入的 AP 元素并没有对齐，这样的页面布局给人感觉很混乱，因此需要对齐 AP 元素。方法类似设置 AP 元素的宽度，具体操作为按住【Shift】键先后选中 apDiv2、apDiv3、 apDiv4，最后再选中 apDiv1；单击"修改"菜单→"排列顺序"→"左对齐"命令，AP 元素将按照 apDiv1 的左侧边缘对齐，完成网页轮廓的创建，如图 2-161 所示。

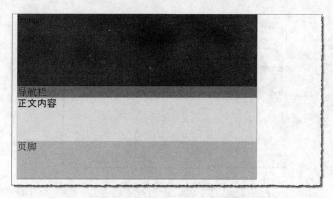

图 2-161　对齐 AP 元素后效果

也可以在属性面板中设置"左"属性，使得所有 AP 元素左对齐。具体操作方法为：按住【Shift】键，依次选中所有的 AP 元素，设置多个 CSS-P 元素的"左"的值为 20px，所有的 AP 元素都将依据 banner 所在的 AP 元素进行左对齐。

4．在 AP 元素中插入页面元素

在 AP 元素中插入页面元素，只需将光标放在 AP 元素中，插入的方法与在普通网页中插入元素相同。

➢ 将光标放入 apDiv1 中，删除文本"banner"。选择"插入"菜单→"图像"命令，插入图像 top.jpg。

➢ 将光标放入 apDiv2 中，删除文本"导航栏"。选择"插入"菜单→"表格"命令，弹出"表格"对话框，插入一个 1×4 的表格。设置表格宽度为 100%，边框、边距、间距均为 0，如图 2-162 所示。

将光标依次置于四个单元格中，输入文本"首页"、"公司简单"、"产品信息"以及"联系我们"，如图 2-163 所示。

图 2-162　新建表格

图 2-163　导航栏

➢ ID 为 apDiv3 的 AP 元素暂不处理。

89

> 将光标放入 apDiv4 中，输入文本"版权所有 违者必究"，设置文本居中对齐。
经过此步骤，页面效果如图 2-164 所示。

图 2-164　初步效果图

5. 在导航栏上制作下拉菜单

（1）利用 AP 元素绘制下拉菜单。

> 选择"绘制 AP Div"按钮，在"公司简介"所处的单元格下方绘制 AP 元素。选中 AP
元素，设置"CSS-P 元素"为 menu1，"上"为 300px，"高"为 60px，如图 2-165 所示。

图 2-165　设置 AP 元素 ID

> 在 menu1 中插入一个 2×1 的表格，设置宽度为 100%，填充、间距及边框均为 0px。表
格的第一个单元格插入文本"公司情况"，水平居中对齐，高为 30px；表格的第二个单元格插入
文本"公司地址"，水平居中对齐，高为 30px。

> 同样的方法，在"产品信息"所处的单元格下方绘制 AP 元素。选中 AP 元素，设置 ID
为 menu2，"高"为 90px，"上"为 300px。

> 在 menu2 中插入一个 3×1 的表格，设置宽度为 100%，填充、间距及边框均为 0px。表
格的第一个单元格插入文本"产品 1"，水平居中对齐，高为 30px；表格的第二个单元格插入文本
"产品 2"，水平居中对齐，高为 30px；表格的第三个单元格插入文本"产品 3"，水平居中对齐，
高为 30px。

> 依次选中 menu1、menu2 中单元格的文本，在属性面板中设置"链接"属性的值为"#"，
完成空链接的制作，如图 2-166 所示。

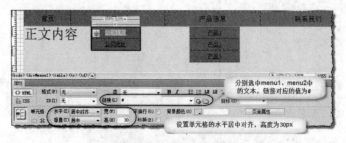

图 2-166　设置文本属性

（2）添加行为完成下拉菜单的制作。

下拉菜单的效果要求是：如果不选择导航栏，下拉菜单是隐藏的。只有当鼠标移至"公司简介"、"产品信息"单元格时，下拉菜单才会显示，并且可以选择菜单子项的超链接进行跳转。

➢　设置常规状态时下拉菜单的隐藏效果

选择"窗口"菜单→"AP 元素"命令，显示 AP 元素面板，如图 2-167 所示。面板中包括上面创建的 6 个 AP 元素。默认情况下，各个 AP 元素都是显示的。设置 menu1、menu2 的可见性为隐藏。方法为：单击 menu1、menu2 元素最左侧的空白位置，当显示的图标为"👁"后，则可隐藏该 AP 元素，如图 2-168 所示。

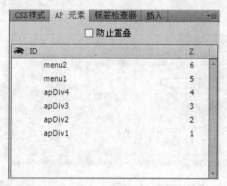

图 2-167　"AP 元素"面板

图 2-168　隐藏 AP 元素

➢　添加特效

添加行为特效，达到鼠标移至导航栏的相应位置，则弹出下拉菜单，并且可以选择菜单中的超链接进行跳转的效果。因此，需要用到行为特效，有关行为特效的具体内容将在第 5 章阐述。

（1）将光标放入"公司简介"所处的单元格。选择"窗口"菜单→"行为"命令，显示"标签检查器"面板，选择"行为"选项。

（2）单击行为面板中的添加行为按钮"＋."，在弹出的下拉菜单中选择"显示-隐藏元素"命令，如图 2-169 所示。弹出"显示-隐藏"对话框，选择 ID 为 menu1 的 AP Div 元素，单击"显示"按钮，这时在元素后面会出现"显示"字样，如图 2-170 所示。

图 2-169　行为面板

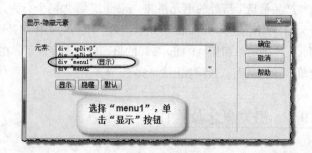

图 2-170　设置显示 menu1

（3）单击"确定"按钮，在行为面板中出现添加好的行为，行为默认的触发事件为 onFoucs。

而行为要求的触发事件是鼠标移至区域时发生，因此，修改触发事件为 onMouseOver，如图 2-171 所示。

（4）同样的方法再创建一个当鼠标移开该区域时隐藏 menu1 的行为。在行为面板添加行为，选择 "显示-隐藏元素" 命令。弹出 "显示-隐藏" 对话框，仍选择 ID 为 menu1 的 AP Div 元素，单击 "隐藏" 按钮，这时在元素后面会出现 "隐藏" 字样，如图 2-172 所示。单击 "确定" 按钮，在行为面板中增加一个行为，修改触发事件为 onMouseOut 事件，如图 2-173 所示。

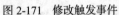

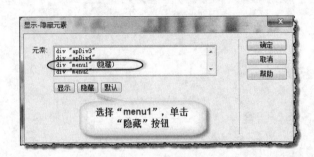

图 2-171　修改触发事件　　　　　　　　图 2-172　设置隐藏 menu1

预览页面，当鼠标移至 "公司简介" 单元格区域时，下拉菜单显示，移开区域时，下拉菜单隐藏。但页面出现无法单击菜单的问题。

（5）为 "menu1" 添加两个行为，操作方法相同，分别是：鼠标移至 menu1 区域时下拉菜单显示的行为，鼠标移开 menu1 区域时下拉菜单隐藏的行为。从而解决上面出现的问题。

在 AP 元素面板中选择 "menu1" 元素，添加第一个显示行为，显示的元素仍为 "menu1" 对象，触发的事件为 onMouseOver。添加第二个隐藏行为，隐藏的元素为 "menu1" 对象，触发的事件为 onMouseOut 事件。

（6）将光标放入 "产品信息" 所处的单元格，按上述方法，分别给 "产品信息" 所处的单元格和 "menu2" 添加两个行为，

图 2-173　menu1 对应的行为

一个行为的作用是显示 "menu2" 元素，另一个行为的作用是隐藏 "menu2" 元素。

那么，一个简单利用 AP Div 布局的页面就制作完成了，在页面中还包括利用 AP 元素制作的下拉菜单。预览页面，效果如图 2-156 所示。

2.9.3　相关概念及操作

1．<div>标签和 AP 元素

传统的网页布局是利用表格，但当前流行的网页布局是 Div+CSS。因此，Div 标签经常会在页面中使用。<div>标签也称为层，可以定义文档中的分区或节。<div>和</div>之间可以包含所有

的网页元素，如文本、图像、表格等，这些所包含的元素的特性则由 div 标签的属性来控制。div 标签本身没有任何表现属性，而要使 div 标签显示某种外观效果，则需要定义 div 标签的 CSS 样式，有关 CSS 将在第 3 章阐述。

div 标签与其他双标签的语法相同，格式为：<div> ……</div>，其中省略号为 HTML 内容。div 标签可以对属性赋值，但 XHTML 中不建议在 div 标签中使用诸如对齐等属性。

DW CS5 插入 div 标签的操作：将光标置于待插入 div 标签的位置，选择"插入"菜单→"布局对象"→"Div 标签"命令，弹出"插入 Div 标签"对话框，如图 2-174 所示。

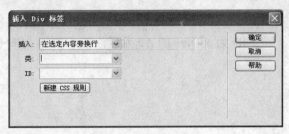

图 2-174　插入 Div 标签

在对话框中，设置插入 div 标签的几个参数选项。

➢　插入：表示 div 标签插入的位置。

有以下几个取值选项。

"在插入点"选项：表示在当前鼠标所在位置插入 Div 标签，此选项仅在没有选中任何内容时可用。

"在开始标签之后"选项：表示在一对标签的开始标签之后，标签所引用的内容之前之间的位置插入 Div 标签。插入的 Div 标签将会嵌套在此标签中。

"在标签之后"选项：表示在一对标签的结束标签之后插入 Div 标签。插入的 Div 标签与前面的标签是并列关系。

选择相应的选项后，后面的下拉列表会列出当前文档中所有已创建的 Div 标签，以供用户确定插入 Div 标签的位置。

➢　类：表示为当前 div 标签附加可用的 CSS 样式类，但该选项不是必需的。

➢　ID：表示当前 div 标签在网页中的编号标志，该 ID 是唯一的，但该选项不是必需的。

➢　"新建 CSS 规则"：单击为当前插入的 Div 创建样式规则，但该选项不是必需的。

单击"确定"按钮后，插入的 Div 标签以虚框的形式出现在文档中，并带有占位符文本，如图 2-175 所示。鼠标移到 Div 标签的边缘上时，框的外围边界变成红色边框。选中 Div 标签时，红色边框将被深蓝色边框代替。

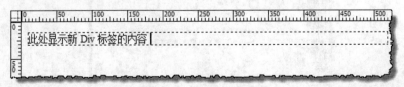

图 2-175　插入 Div 标签的页面效果

AP Div 称为绝对定位的层，也称为 AP 元素或 CSS-P 元素。它是一种特殊的 Div，换句话说，它是使用了 CSS 样式的具有绝对定位属性的 div 标签。每个 AP 元素都有一个唯一的 ID。例如：

```
#apDiv1 {
    position:absolute;
    left:20px;
    top:0px;
    width:878px;
    height:260px;
    z-index:1;
    font-size: 36px;
    background-color: #0000FF;
}
<div id="apDiv1"><img src="images/top.jpg" width="878" height="260" /></div>
```

上面的例子中创建了一个 ID 为 apDiv1 的 AP 元素，在页面的<style>标签中可以找到关于该 ID 的样式规则。

2. AP 元素的创建

（1）插入 AP 元素。

插入 AP 元素的方法主要有 3 种。

方法一：选择"窗口"菜单→"插入"命令，显示插入面板。在插入面板中选择"布局"中的"绘制 AP Div"按钮，此时鼠标的指针变成十字形，在文档中拖动鼠标可以绘制一个 AP 元素。

方法二：在"插入"面板的"布局"选项中，按下"绘制 AP Div"按钮不放，将其拖曳到文档窗口中即可创建一个 AP Div 元素。

方法三：在文档的"设计"视图中，将光标置于要插入的位置，单击"插入"菜单→"布局对象"→"AP Div"命令，则在页面的光标位置插入一个 AP Div。

通过上述方法创建多个 AP 元素时，各个 AP 元素都是独立的，平行的。切换到"代码"视图，下面是包含两个 AP 元素的代码，可以看到 AP 元素之间的关系是独立的。

```
<div id="apDiv1">……</div>
<div id="apDiv2">……</div>
```

（2）AP 元素的首选参数设置。

利用方法二和方法三插入 AP 元素，AP 元素有默认的属性，如宽、高、背景颜色等。可以进行以下操作对 AP 元素的参数进行设置。

➢ 选择"编辑"菜单→"首选参数"命令，弹出"首选参数"对话框。

➢ 在"首选参数"对话框中选择"AP 元素"类别，设置 AP 元素的部分属性，如图 2-176 所示。

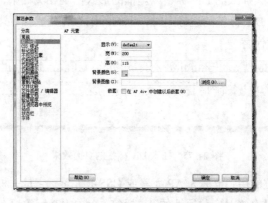

图 2-176 "首选参数"对话框

AP 元素的首选参数设置包括以下几个。

① 显示：AP 元素的可见性。有 4 种取值：default（默认）、inherit（继承）、visible（显示）及 hidden（隐藏）。

② 宽：AP 元素的宽度。

③ 高：AP 元素的高度。

④ 背景颜色：设置 AP 元素的背景颜色。

⑤ 背景图像：设置 AP 元素的背景图像。

⑥ 嵌套：如果该复选框被选中，则后面创建的 AP 元素将会自动嵌套在前面创建的 AP 元素中。如果复选框没有选中，先后创建的 AP 元素将是并行的。

（3）创建嵌套 AP 元素。

DW CS5 允许创建嵌套的 AP 元素。嵌套 AP 元素是指在已创建好的 AP 元素中创建 AP 元素。嵌套 AP 元素将随其父层一起移动，并且可以继承父层的某些属性。

嵌套 AP 元素创建方法为：首先在页面上选择一个已创建好的 AP 元素，将光标置于该元素中，然后选择"插入"菜单→"布局对象"→"AP Div"命令，创建另一个 AP 元素，但该元素是嵌套在前一个 AP 元素之中的，如图 2-177 所示。

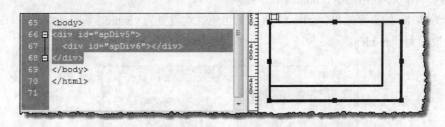

图 2-177　嵌套 AP 元素

查看代码视图可以看出两者的关系，代码如下。

```
<div id="apDiv1">
<div id="apDiv2">……</div>
</div>
```

特别地，只有满足这种 div 标签的嵌套关系才表示 AP 元素是嵌套层，而不能根据 AP 元素之间的位置来判断，如下图中的两个 AP 元素，它们之间也是嵌套的，如图 2-178 所示。

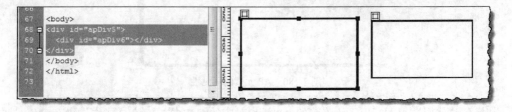

图 2-178　嵌套 AP 元素的位置关系

3．AP 元素的属性

利用属性面板可以对 AP 元素的属性进行设置，从而调整 AP 元素使页面达到预期的效果。选择某个 AP 层，在"属性检查器"中可以修改其属性，属性包括 ID、位置、大小、Z 轴及可见性等基本属性，如图 2-179 所示。

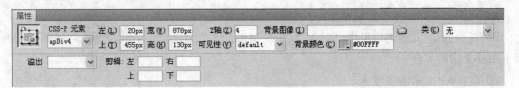

图 2-179 AP 元素的属性面板

① CSS-P 元素：设置 AP Div 元素名称。名称由数字或字母组成，不能用特殊字符。特别地，每个 AP Div 元素的名称是唯一的。

② 左：AP 元素左边界相对于页面左边界的距离，取值单位可以是像素、英寸或百分比等。

③ 上：AP 元素上边界相对于页面上边界的距离，取值单位可以是像素、英寸或百分比等。

④ 宽：设置 AP 元素的宽度。

⑤ 高：设置 AP 元素的高度。

⑥ Z 轴：表示多个 AP 元素层叠的顺序，它的值为数字。值越小，元素的位置越下，值越大，元素的位置越上。

⑦ 可见性：表示 AP 元素是显示或隐藏。其中 default 表示默认值，inherit 表示可见性继承其父 AP 元素，visible 表示显示，hidden 表示隐藏。

如下图 2-180 的页面效果，上图 AP 元素的可见性均设置为 visible，下图是将第 2 个 AP 元素的可见性设置为了 hidden。

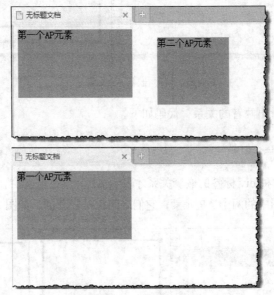

图 2-180 AP 元素的可见性

切换到"代码"视图，以下为隐藏的 AP 元素对应的 CSS 样式，在样式中设置 visibility 属性为 hidden。

```
#apDiv9 {
    position:absolute;
    left:252px;
    top:22px;
    width:125px;
```

```
  height:113px;
  z-index:2;
  background-color: #00FF00;
  visibility: hidden;
}
```

⑧ 背景图像：设置 AP 元素的背景图像。可以单击"▢"文件夹按钮选择本地文件，也可以在文本框中直接输入背景图像文件的路径确定其位置。

⑨ 背景颜色：设置 AP 元素的背景颜色。值为空表示背景为透明。

⑩ 溢出：当 AP 元素中的内容超出其尺寸则为溢出。其中 visible 表示显示溢出部分的内容；hidden 表示不显示溢出部分的内容；scroll 表示 AP 元素的尺寸不变，通过滚动条来显示溢出部分；auto 表示浏览器判断是否有溢出部分，有则显示滚动条否则不显示。

图 2-181 中的 AP 元素中插入的图像大小超出 AP 元素的尺寸，四种不同的溢出取值的效果如图 2-182 所示。

图 2-181　图像溢出

图 2-182　溢出取值不同的页面效果

⑪ 剪辑：表示 AP 元素的可见区域。上、下、左、右分别指定 AP 元素的顶部、底部、左侧和右侧的坐标。

4．AP 元素面板

在 DW CS5 中提供"AP 元素"面板能更方便地对 AP Div 进行操作。打开"AP 元素"面板的方法是，选择"窗口"菜单→"AP 元素"命令。"AP 元素"面板显示了页面中所有的 AP 元素，它们的排列顺序是按照 Z 轴的顺序排列的，Z 值大的在面板的顶部，如图 2-183 所示。

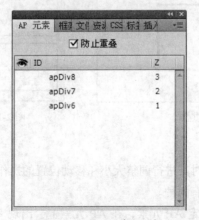

图 2-183　"AP 元素"面板

"AP 元素"面板主要可以实现以下功能。

➢ 选定 AP 元素。

单击 AP 元素面板的某个 AP 元素即可选中 AP 元素。

➢ 修改 AP 元素的名称

在"AP 元素"面板中单击某个 AP 元素的 ID 列，即可修改 AP 元素的名称。

➢ 修改 AP 元素的层叠顺序。

在"AP 元素"面板中单击某个 AP 元素的 Z 列，即可修改 AP 元素的层叠顺序。

➢ 修改 AP 元素的可见性。

在"AP 元素"面板中单击某个 AP 元素的"👁"列，即可修改 AP 元素的层叠顺序。

➢ 禁止 AP 元素重叠。

选中"防止重叠"复选框，则页面中的 AP 元素不能重叠显示。

如下图 2-184，移动 AP 元素时，无论怎么移动，元素只能在其他 AP 元素的边界，无法移动到其他 AP 元素的内部。

5. 选定 AP 元素

如果需要对 AP 元素进行编辑，必须先选定 AP 元素。选定的方法主要有以下几种。

➢ 单击 AP 元素的边框线。如果需要一次选中多个 AP 元素，则只需按住【Shift】键，单击多个 AP 元素即可。

➢ 在"AP 元素"面板中单击需要选择的 AP 元素。按住【Ctrl】键后单击可以选中多个不连续的 AP 元素，按住【Shift】键后单击可以选中多个连续的 AP 元素。

图 2-185 反映的是 AP 元素未选中、选中及选中多个的状态。

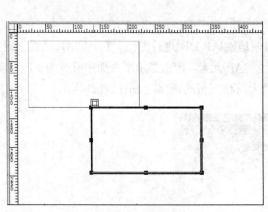

图 2-184　防止重叠

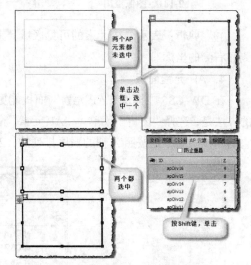

图 2-185　选定 AP 元素后的状态

6. 调整 AP 元素大小

页面中的 AP 元素，可以对其进行调整大小和移动位置的操作。

➢ 调整大小的方法主要有两种。

方法一：按上面的方法选定 AP 元素，在 AP 元素上会出现 8 个调整大小的控制点，在某个控制点上拖曳缩放调整 AP 元素的尺寸。

方法二：在 AP 元素的属性面板修改宽度、高度的值，达到调整 AP 元素的大小。这种方法能更准确的设置 AP 元素的大小。

但如果需要对多个 AP 元素的高度、宽度的值按某个已有的 AP 元素进行统一调整应该如何操作呢？

除了在每个 AP 元素的属性面板修改它们的高度、宽度值外，还可以通过某个 AP 元素作为参照调整大小。具体操作为：首先按住【Shift】键选定待统一调整的 AP 元素，然后选择"修改"菜单→"排列顺序"→"设成高度相同"／"设成宽度相同"命令，最后完成调整 AP 元素大小，图 2-186 为调整前后的状态。

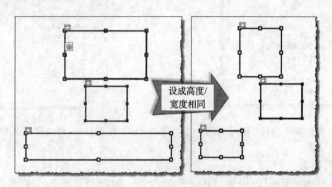

图 2-186　调整大小前后效果

特别地，这种方法要求参照尺寸的 AP 元素一定要最后选定，其他被参照的 AP 元素在参照 AP 元素之前选定，但被参照的 AP 元素的选定顺序不做规定。

➢　移动位置的方法也主要有两种。

方法一：在页面上选中待移动的 AP 元素，将鼠标放在 AP 元素的边框上，按住鼠标拖动到合适的位置放开即可。

方法二：在 AP 元素的属性面板上修改左、上的值，达到移动 AP 元素的效果。这种方法能更准确地设置 AP 元素的位置。

7．AP 元素可见性设置

如果需要隐藏页面的某些元素，常常利用 AP 元素来完成效果。AP 元素具有可见性的属性，换言之它可以显示也可以隐藏。因此包含在 AP 元素之中的页面元素可以依据 AP 元素的可见性来达到显示或隐藏的效果。

修改 AP 元素的可见性，可以通过下列两种方法来完成。

方法一：通过 AP 元素的属性面板，修改可见性的选项。值为 visible 则为显示，值为 hidden 则为隐藏，值为 inherit 则为继承父 AP 元素的可见性。

方法二：通过"AP 元素"面板完成。具体操作如下所示。

➢　选择"窗口"→"AP 元素"命令，打开"AP 元素"面板。面板中会显示页面中的 AP 元素，包括它们的名称、Z 轴值、可见性三种属性。

➢　单击某个 AP 元素最左侧"👁"列的空白位置，如果图标为闭着的眼睛图标"👁"，则表示该 AP 元素隐藏。单击可见列的图标位置，如果图标变成睁开的眼睛图标"👁"，则表示该 AP 元素显示。单击，如果可见列的图标栏变成空白，则表示该 AP 元素为默认值 default，如图 2-187 所示。

图 2-187 反映 ID 为 apDiv4 的 AP 元素为隐藏，apDiv3 为显示，而 apDiv1 的可见性则为默认。

特别地，如果想统一更改所有 AP 对象的可见性，可用鼠标单击列顶端的眼睛图标，如图 2-188 所示。

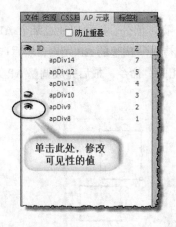

图 2-187　修改单个 AP 元素可见性　　　　　图 2-188　修改所有 AP 对象可见性

8．AP 元素背景设置

在 AP 元素的属性面板中可以设置 AP 元素的背景，包括背景颜色和背景图片的添加。

选定待添加背景的 AP 元素，单击属性面板的背景颜色"　"选择颜色，或在背景颜色后面的文本框中输入颜色值。单击背景图像后面的"　"图标选择作为背景图像的文件，或在背景图像的文本框中输入图像的路径及文件名，如图 2-189 所示。

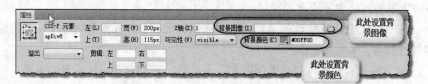

图 2-189　修改背景

9．对齐 AP 元素

DW CS5 可以将多个 AP 元素进行对齐操作，包括的对齐方式有：左对齐、右对齐、上对齐和对齐下缘。

➢　左对齐：以最后一个被选中 AP 元素的左侧为基准对齐。

➢　右对齐：以最后一个被选中 AP 元素的右侧为基准对齐。

➢　上对齐：以最后一个被选中 AP 元素的顶部为基准对齐。

➢　对齐下缘：以最后一个被选中 AP 元素的底部为基准对齐。

对齐主要有两种方法。

方法一：应用菜单命令对齐 AP 元素。

例：将页面中的 3 个 AP 元素 apDiv1、apDiv3 及 apDiv4 进行右对齐。

具体操作如下：

➢　依次选定待对齐的 AP 元素，其中最后一个选定的 AP 元素为参照元素，即按该元素的边框位置进行对齐，如 apDiv1 元素。

➢　选择"修改"菜单→"排列顺序"→"右对齐"命令。

3 个 AP 元素最终按照 apDiv1 的右边线对齐，对齐前后效果如图 2-190 所示。

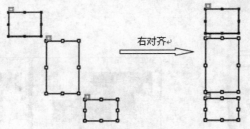

图 2-190　修改对齐前后效果

　　　选中多个 AP 元素时，只有最后选定的 AP 元素边框上的控制点是实心的，其他选定的 AP 元素的控制点则是空心的方框。

方法二：应用 AP 元素属性面板对齐。

选中需要对齐的多个 AP 元素，在属性面板的"上"或"左"选项中输入具体数据，则以多个 AP 元素的上边线或左边线相对于页面顶部或左侧的位置来对齐。

如上例将三个 AP 元素按照其中一个 AP 元素进行左对齐，假设该 AP 元素的"左"为 40px，选中其他 AP 元素在其属性面板设置"左"为 40px，如图 2-191 所示。

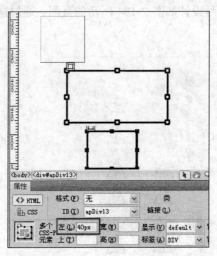

图 2-191　选中多个 AP 元素设置对齐

10. 层叠顺序

AP 元素之间可以层叠，它们的层叠顺序是由 Z 轴的值所决定的，Z 轴值大的元素在 Z 轴值小的 AP 元素的上面。一般的情况下，越早创建的 AP 元素，其 Z 轴值越小。

通过两种方法可以修改 AP 元素的 Z 轴值。

方法一：选中待修改的 AP 元素，编辑在属性面板中的 Z 轴值的大小。

方法二：打开"AP 元素"面板，双击待修改的 AP 元素 Z 轴列的数字，修改数字即更改了 AP 元素间的层叠顺序，如图 2-192 所示。

图 2-193 为更改 AP 元素的 Z 轴值前后呈现出的不同层叠效果。

图 2-192　修改层叠顺序

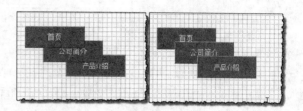

图 2-193　改变 Z 轴值出现的不同层叠效果

2.10　任务 9——Spry 框架

Spry 框架可以用来构建更加丰富的 Web，它包含 JavaScript 和 CSS 库，可以用来创建显示动态数据的交互式页面元素，而无需刷新整个页面。

2.10.1　任务与目的

本任务要求利用 Spry 控件设计如图 2-194 所示的页面，通过这些 Spry 控件可以更好地丰富页面的表现效果和功能。

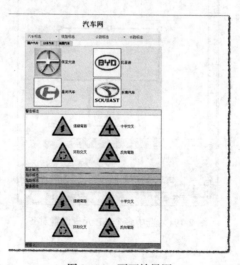

图 2-194　页面效果图

目的：

➢ 掌握如何插入 Spry 菜单栏控件；
➢ 掌握如何插入选项卡面板控件；
➢ 掌握如何插入折叠式控件；
➢ 掌握如何插入可折叠面板控件；

> 了解 Spry 控件的样式设置；
> 了解 Spry 控件的 JavaScript 知识。

2.10.2　操作步骤

（1）新建站点，导入素材文件。在站点新建一空白 HTML 页面，保存为 spry.html。

（2）插入一个 4×1 的布局表格。表格的宽度设置为 640 像素，对齐设置为居中对齐，间距、填充及边框均设置为 0。

（3）设置表格的第 1 行单元格。

输入文本"汽车网"，设置格式为"标题 1"，单元格的高度设置为 50px，水平设置为居中对齐。

（4）插入 Spry 菜单栏。

将光标放置在第 2 行的单元格内，选择"插入"菜单→"布局对象"→"Spry 菜单栏"命令，如图 2-195 所示。

弹出"Spry 菜单栏"对话框，如图 2-196 所示，选择菜单栏的布局方式。菜单栏的布局方式有两种可供选择：水平、垂直。选择"水平"布局方式后在单元格中出现一个 Spry 菜单栏控件，如图 2-197 所示。

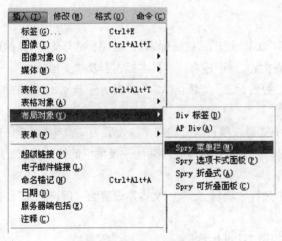

图 2-195　插入 Spry 菜单栏

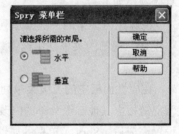

图 2-196　Spry 菜单栏布局

图 2-197　页面插入 Spry 菜单效果

页面插入的 Spry 菜单栏控件不能满足要求，因此需要进行修改。单击 Spry 菜单栏左上角的标记，选中整个菜单栏。在 Spry 菜单栏的属性面板中进行修改，当前的属性面板如图 2-198 所示。

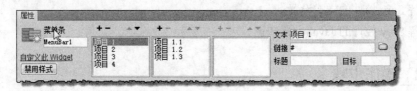

图 2-198　初始 Spry 菜单栏属性面板

主要参数介绍如下所示。

➢ 菜单条：菜单栏的 ID。

➢ 一级菜单设置：在列表框中可以设置一级菜单，初始状态时有四个一级菜单，分别为项目 1、项目 2、项目 3 及项目 4。单击"＋"按钮，可以添加一级菜单；单击"－"按钮，可以删除一级菜单；单击"▲"按钮，可以将菜单的位置顺序移前；单击"▼"按钮，可以将菜单的位置顺序移后。

➢ 二级菜单设置：与一级菜单的操作类似，单击"＋"按钮，添加二级菜单；单击"－"按钮，删除二级菜单；单击"▲"、"▼"按钮，调整二级菜单所处的位置。

➢ 三级菜单设置：同一级菜单、二级菜单。

➢ 文本：设置菜单对应的文本内容。

➢ 链接：设置菜单对应的链接。

➢ 目标：链接文件的打开方式。

（5）设置 Spry 菜单栏的菜单。

菜单栏的一级菜单的内容分别设置为："汽车标志"、"铁路标志"、"公路标志"及"水路标志"。一级菜单"汽车标志"的二级菜单分别设置为："国产标志"、"日本标志"及"美国标志"。一级菜单"公路标志"的二级菜单分别设置为："警告标志"、"禁止标志"、"指示标志"及"指路标志"。

具体操作如下。

➢ 在属性面板中的一级菜单列表框中选择"项目 1"，"文本"设置为"汽车标志"。也可以在"设计"视图的菜单栏中选中"项目 1" 直接进行修改。其他一级菜单的修改类似，不再描述。

➢ 在属性面板中的二级菜单列表框中选择"项目 1.1"，"文本"设置为"国产标志"，链接设置为空链接。其他二级菜单的修改类似。

设置完成后，Spry 菜单栏的属性面板如图 2-199 所示。

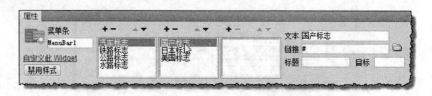

图 2-199　设置后的 Spry 菜单栏的属性面板

（6）插入 Spry 选项卡式面板。

将光标放置于第 3 行的单元格，选择"插入"菜单→"布局对象"→"Spry 选项卡式面板"命令。在页面中插入一个 Spry 选项卡式面板，切换到"实时视图"，效果如图 2-200 所示。

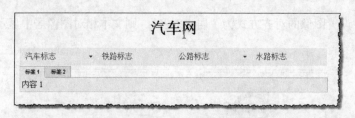

图 2-200　页面插入的 Spry 选项卡式面板效果图

选择"Spry 选项卡式面板"左上角的标志，即选中该控件。该控件的属性面板如图 2-201 所示。

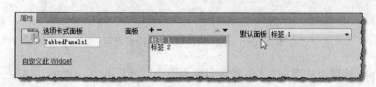

图 2-201　初始 Spry 菜单栏属性面板

主要属性参数如下所示。

➢　选项卡式面板：选项卡式面板的 ID。

➢　面板：设置选项卡中的面板，默认面板有"标签 1"、"标签 2"。其中，单击"＋"按钮可以添加面板；单击"－"按钮可以删除面板；单击"▲"按钮可以上移面板位置；单击"▼"按钮可以下移面板位置。

选中"Spry 选项卡式面板"，设置选项卡式面板，具体操作如下：

① 在"设计"视图中，选中"标签 1"字样的内容，修改文本为"国产汽车"。单击" 国产汽车 "中的"👁"图标，以显示面板中的内容。

② 将光标置于"内容 1"面板。删除"内容 1"中的文本，在面板中插入一个 2×2 的表格，并且在表格的单元格中插入图像及文本。依次选中所有的图像，在属性面板中设置图像的对齐方式为"居中对齐"，则文本相对图像居中显示，如下图 2-202 所示。

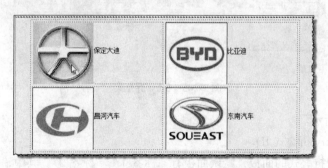

图 2-202　设置"国产汽车"面板内容

③ 在"设计"视图中，选中"spry 选项卡式面板"中的"标签 2"字样的内容，修改文本为"日本汽车"。单击" 日本汽 "中的"👁"图标，以显示面板中的内容。

④ 与"国产汽车"面板中的内容操作相同，将光标置于"内容 2"面板，删除"内容 2"文本，在面板中插入一个 2×2 的表格，并且在表格的单元格中插入图像及文本。依次选中所有的图

像，在属性面板中设置图像的对齐方式为"居中对齐"，则文本相对图像居中显示，如下图 2-203 所示。

图 2-203　设置"日本汽车"面板内容

⑤ 选中"Spry 选项卡式面板"，在属性面板中单击"＋"按钮，添加"标签 3"面板，调整面板的顺序。

⑥ 设置"标签 3"面板的内容，修改其文本为"美国汽车"。面板中的具体内容操作如"国产汽车"等。

（7）插入 Spry 折叠式。

将光标放置于第 3 行的单元格，选择"插入"菜单→"布局对象"→"Spry 选项卡式面板"命令。在页面中插入一个 Spry 选项卡式面板，切换到"实时视图"，效果如图 2-204 所示。

图 2-204　页面插入的 Spry 折叠式效果图

选择"Spry 折叠式"左上角的标志，即选中该控件。该控件对应的属性面板如图 2-205 所示。

图 2-205　Spry 折叠式

主要参数如下所示。

➤ 折叠式：Spry 折叠式 ID。

➤ 面板：设置折叠式的面板，默认面板有"标签 1"、"标签 2"。其中，单击"＋"按钮可以添加面板；单击"－"按钮可以删除面板；单击"▲"按钮可以上移面板位置；单击"▼"按钮可以下移面板位置。

选中"Spry 选项卡式面板"，设置选项卡式面板，具体操作如下：

① 将光标置于"标签 1"文本中，设置文本为"警告标志"，如图 2-206 所示。

图 2-206　"内容 1"面板初始效果

② 设置"内容 1"面板中的内容。插入一个 2×2 的表格，在表格的单元格中插入图像及文本，设置图像的对齐方式为"居中对齐"，则文本相对图像居中显示，如图 2-207 所示。

图 2-207　设置后的效果图

③ 将光标放入"Spry 折叠式"中的"标签 2"中，修改文本为"禁止标志"。单击左上角的"👁"图标按钮，以显示面板的内容，如图 2-208 所示。

图 2-208　设置面板内容

Spry 折叠式可以将面板折叠，单击某面板上的"👁"按钮，可以将折叠的面板展开，显示面板内容，其他面板则将被折叠。

将光标置于内容 2，修改面板 2 的内容，具体操作如"警告标志面板"。

④ 选中"Spry 折叠式"左上方蓝色标志，在属性面板中单击"面板"中的"➕"按钮，增加两个面板，分别为"标签 3"、"标签 4"，调整好新增面板的位置。

⑤ 修改新增加的面板，符合页面要求。具体操作如"警告标志"面板的操作。

（8）保存页面，预览页面。

2.10.3　相关概念

Spry 框架是将 HTML、CSS 和极少量的 JavaScript 合并，通过应用 Spry 框架中的控件到 HTML 文档中，以构建出更丰富的 Web 页。Spry 框架以 HMTL 为核心，对于只具有 HTML、CSS 和 JavaScript 基础知识的用户来说很容易掌握。Spry 框架设计成标签要尽量简单，JavaScript 要尽量少用。

1．Spry 构件

Dreamweaver CS5 提供一些由 Spry 框架构建和设计的构件，如 Spry 菜单栏、Spry 选项卡式面板及 Spry 验证文本域等。

Spry 构件插入的方法为：选择"插入"菜单→"Spry"菜单，选择相应的命令，如图 2-209 所示，即可在页面中插入相应的 Spry 构件。

2．Spry 构件样式

Spry 控件都具有一定的外观表现，这些控件都是利用 CSS 样式来控制它们的外观的。因此，设计者可以方便地通过改变 CSS 属性值来改变控件，如背景色、字体大小等。

如图 2-210 为 Spry 菜单栏存在的 CSS 的样式。页面插入 Spry 菜单栏后，打开"CSS 面板"，可以看到如下图所示的关于 Spry 菜单栏的样式。这些样式规则保存在外部 CSS 文件中。

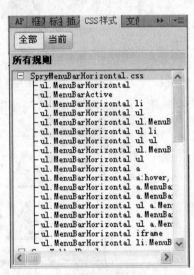

图 2-209　Spry 菜单　　　　　　　　图 2-210　Spry 菜单栏的默认样式

因此，修改相应的样式规则，可以改变 Spry 外观。如修改某个样式规则，将 Spry 菜单栏进行修改，如图 2-211 所示的外观为 Spry 菜单栏默认的外观，图 2-212 则修改了菜单栏字体的默认颜色。

图 2-211　Spry 菜单栏的默认外观

图 2-212　Spry 菜单栏的样式修改后的外观

3．Spry 构件行为

Spry 框架中的每个构件都与唯一的 CSS 文件和 JavaScript 文件相关联。其中，CSS 文件中包含设置该构件样式所需的全部信息，而 JavaScript 文件则给予该构件功能。当设计者使用 Dreamweaver CS5 的界面插入构件时，Dreamweaver 会自动将这些文件链接到插入构件的页面，以便构件中包含该页面的功能和样式。

Spry 框架是一个 JavaScript 库，Spry 构件的行为是指控制构件如何响应用户启动事件的 JavaScript。框架行为可以包括允许用户执行以下操作的功能，如：隐藏或显示页面的元素，更改页面的外观（如颜色）及与菜单项进行交互等。

如插入 Spry 菜单栏后，页面中链接到相应的.js 文件，会产生以下代码。

```
<script src="SpryAssets/SpryMenuBar.js" type="text/javascript"></script>
```

SpryMenuBar.js 文件中包含可以对 Spry 菜单栏操作的功能。同时，在页面中还产生如下 javascript 代码，对应构件相应的 id。

```
<script type="text/javascript">
var        MenuBar1       =        new        Spry.Widget.MenuBar("MenuBar1",{imgDown:
"SpryAssets/SpryMenuBarDownHover.gif", imgRight:"SpryAssets/SpryMenuBarRightHover.gif"
});
</script>
```

2.11　本章小结

Dreamweaver 是较流行的网页制作工具，本章介绍了如何直接用 Dreamweaver CS5 进行网页制作。本章设置了九个任务，任务主要完成网页的基本编辑工作，既进一步熟悉了 Dreamweaver 软件的工作环境，又掌握了相关页面元素的插入及设置。

本章还介绍了 XHTML 的基本概念、基本知识，每个任务都总结了相关的 XHTML 标签并对其属性进行了介绍。虽然本书后续章节都是直接用 Dreamweaver CS5 进行"所见即所得"的网页制作，可能不需要手工输入 XHTML 标签及属性，但掌握一些常用的 XHTML 标签及属性是必须的，因为它对提高并拓展后续内容的学习有重要的地位。特别是制作动态网页，网页中可能有大量内容需要由程序动态执行得到，因此可能需要在程序中引入标签来实现。如果标签及其使用掌握的不够，在设计与制作动态网页的过程中会遇到困难。

第3章

CSS 的应用

3.1 认识CSS

CSS 是 Cascading Style Sheets（层叠样式表单）的简称，也把其称作样式表。顾名思义，它是一种设计网页样式的工具。借助 CSS 的强大功能，网页将在设计者的丰富想象力下千变万化，如图 3-1 所示。图 3-1 显示的网页中，文字的显示不再那么生硬，具有立体效果，但它不是用 Photoshop 或者是其他图形处理软件制作，而是利用 CSS 生成的效果。

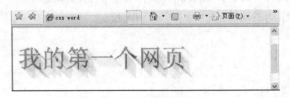

图 3-1　应用 CSS 的页面

CSS 是由万维网联盟（W3C）的 CSS 工作组产生和维护的。CSS 是对 HTML 语法的一次重大变革，它将某些 HTML 标签属性简化，从而将网页的内容与表现分离。所有的主流浏览器均支持 CSS。CSS 的应用使网页的表现非常统一，易于维护。CSS 的语句是内嵌在 HTML 文档内的，它不需要编译，可以直接由浏览器执行（属于浏览器解释型语言），所以使用 CSS 能够简化网页代码，增加网页的浏览速度，减少硬盘容量。

CSS 是 DHTML（动态网页）的一部分，它将"对象"的概念引入到 HTML 中，可以通过脚本程序（如 JavaScript、VBScript）调用和改变对象的属性，而使网页中的对象产生动态的效果。

3.2 任务 1——美化页面

3.2.1 任务与目的

1. 任务

图 3-2 所示为原始网页，网页版面比较凌乱，如字体格式的原因导致多行显示等。美化后的页面如图 3-3 所示，页面从整体来看比较整齐，字体一致，并在原始网页基础上设置了如背景图片、边距等，美观度得到大大改善。

图 3-2　美化前页面

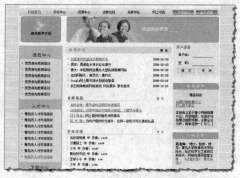

图 3-3　美化后页面

2. 目的

➢ 设置网页属性。

➢ 创建表格边框样式。

➢ 设置底部文字的样式。

➢ 美化输入文本框样式。

3.2.2 操作步骤

1. 设置网页属性

在 DW 中打开文件后，单击"窗口"菜单的"属性"命令，显示"属性面板"，如图 3-4 所示。单击"属性"面板中的"网页属性"按钮或者单击"修改"菜单→"网页属性"命令，弹出"页面属性"对话框，如图 3-5 所示，完成下列设置。

（1）页面字体大小设置为 12px；

（2）页面字体颜色设置为黑色；

（3）背景图片设置为文件夹 images2 下的 bg.gif；

（4）边距均设置为 0px。

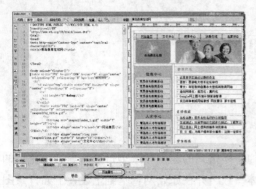 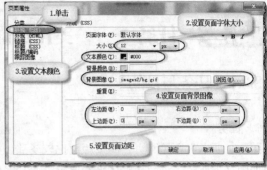

图 3-4　属性面板　　　　　　　　　　　　　图 3-5　页面属性对话框

切换到"代码"视图，通过设置页面属性产生了下面的代码。

```
body{
    font-size: 12px;
    color: #000;
    background-image: url(images2/bg.gif);
    margin-left: 0px;
    margin-top: 0px;
    margin-right: 0px;
    margin-bottom: 0px;
}
```

2．创建表格边框样式

如果需要给页面的表格添加边框，可以利用 CSS 快速、有效地设置表格边框，具体步骤如下所示。

（1）创建表格边框样式。

单击"窗口"菜单中的"CSS 样式"命令，显示"CSS 样式"面板。具体设置如下所示。

➤　单击"CSS 样式"面板中的新建样式按钮" "，如图 3-6 所示。弹出"新建 CSS 规则"对话框，如图 3-7 所示。

图 3-6　CSS 面板新建样式　　　　　　　　　　图 3-7　创建类样式对话框

➤　在"新建 CSS 规则"对话框做如下操作：

① 在选择器类型下拉列表中选择"类（可应用于任何 HTML 元素）"选项；

② 在选择器名称文本框中输入 line 或.line，表示给新的类样式取名为.line。

➤　单击"确定"按钮，弹出如图 3-8 所示的".line 的 CSS 规则定义"对话框，对类样式的规则进行参数的设置。选择"边框"类别,设置边框的类型为 solid(实线),边框的宽度为 1px,边框的颜色为#FF0000(红色)。

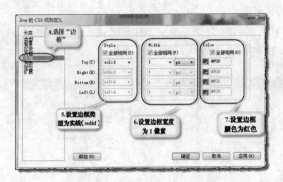

图 3-8 .line 类样式的参数设置

➤ 单击"确定"按钮,.line 类样式创建完成,类样式显示在 CSS 样式面板中。

(2)应用表格边框样式。

创建.line 类样式后,可以将其应用到相应的对象中,如图 3-9 所示。具体步骤如下所示。

➤ 将光标置于需要添加边框的表框或其他对象之中,从标签选择器中选中标签,将对象选中。

➤ 在选中对象的属性面板中单击"类"选项的下拉列表,选择创建好的".line"样式,对象完成边框的添加。

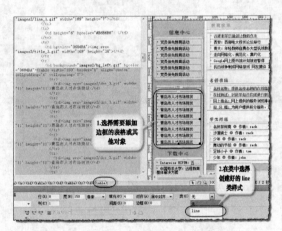

图 3-9 .line 类样式的应用

切换到"代码"视图,创建.line 类样式产生了如下的代码。

```
.line {
    border: 1px solid #F00;
}
```

页面元素应用.line 类样式是通过 class 属性完成的,如下面的代码,表格应用了.line 类样式。

```
<table width="150" border="0" align="center" cellpadding="4" cellspacing="0"
class="line">
```

3. 设置底部文字的样式

在页面属性中设置了整个页面的字体外观,但某些文字的格式可能需要更适合的外观。那么,如何处理？采用样式能有效地解决这一问题。本例中将底部版权信息文字设置成白色，步骤如下所示。

（1）创建底部文字的样式。

在图 3-10 的对话框中新建名称为".footer"的类样式，弹出如图 3-11 所示的".footer 的 CSS 规则定义"对话框，在对话框中设置字体的颜色为白色。

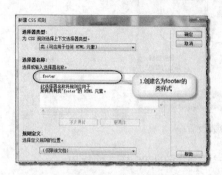

图 3-10　新建.footer 类样式

图 3-11　.footer 类样式参数设置

（2）应用底部文字的样式。

选中底部版权信息文字，在 CSS 面板右键单击.footer 样式选择"套用"，底部文字将变成白色，如图 3-12 所示。

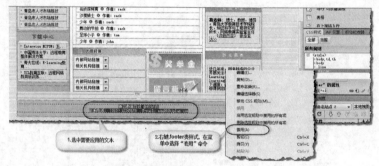

图 3-12　应用.footer 类样式

切换到"代码"视图，.footer 类样式的创建产生了如下的代码。

```
.footer {
    color: #FFF;
}
```

图 3-13 为应用.footer 类样式的最终页面效果。

图 3-13　底部文字效果

4．美化输入文本框样式

当用户需要对页面进行个性化设置时，也可以通过样式来完成。图 3-14 所示为登录功能，左图的文本框是常见的页面效果，对其应用 CSS 样式，得到右图的个性化文本框。

操作步骤如下所示。

创建文本框样式。

要达到上述效果，只需要对原本的文本框样式进行修改。新建 CSS 样式规则，在图 3-15 所示的对话框中选择"选择器类型"为"标签（重新定义 HTML 元素）"选项，在"选择器名称"下拉列表中选择<input>标签。

图 3-14　文本框美化前后的页面效果

弹出"input 的 CSS 规则定义"对话框，选择"边框"类别，设置边框的类型。文本框的底部（Bottom）边框类型设置为实线；文本框的上（Top）、右（Right）及左（Left）的边框类型设置为无（None）；设置底部边框的宽度为 2px；设置底部边框的颜色为#666666，如图 3-16 所示。

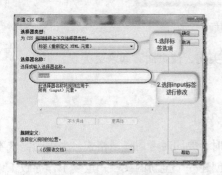

图 3-15　创建文本框样式

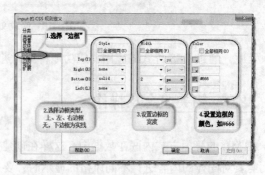

图 3-16　文本框样式的参数设置

<input>标签元素重新定义确定后，不需要像类样式应用后才会生效，它自动作用于页面中的<input>标签。切换到"代码"视图，<input>标签重新定义后将产生下列代码。

```
input {
    border-bottom-width: 2px;
    border-bottom-style: solid;
    border-bottom-color: #666;
    border-top-style: none;
    border-right-style: none;
    border-left-style: none;
    background-color: #f1f1f1;
}
```

保存，预览该页面，关于用户登录的效果如图 3-17 所示。但出现了文本框的背景色与该单元格的背景色不匹配的问题。

图 3-17　应用文本框样式的页面效果

解决办法如下。

重新定义<input>标签的背景色，使之与该单元格的背景色相匹配。在 CSS 样式面板中双击

input 或者选择 input 后单击 "✎" 修改按钮，弹出如图 3-18 所示的对话框，修改 input 样式，设置背景颜色与单元格匹配的颜色（#F1F1F1）。

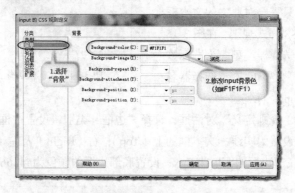

图 3-18　修改文本框样式

至此，通过 CSS 样式的应用，成功地将页面进行了美化，使页面看起来更美观，更舒服。

3.2.3　相关概念及操作

HTML 的显示方式内嵌在数据中，这样在创建文本时，要同时考虑显示格式。当因为需求不同而需要对同样的内容进行不同风格的显示时，要从头创建一个全新的文档，重复工作导致工作量很大，但否则又不能对数据按照不同的需求进行多样化显示。而 CSS 的特点就是灵活控制网页中每个元素的样式，从而把页面的内容和格式相分离处理，提高工作效率。

1．CSS 的语法结构

CSS 的代码是由一些最基本的语句构成的，基本语句的结构形式为：选择器{属性：属性值}。其中属性可以包含多个，属性之间用 "；" 符号隔开，如图 3-19 所示。

图 3-19　CSS 语法规则

2．CSS 文档样式类型

从上面的例子可以看到 CSS 的语句可以放在标签<style>……</style>之间，它是可以内嵌在 XHTML 文档中的。所以，编写 CSS 的方法和编写 XHTML 的方法是一样的，可以用任何一种文本编辑工具来编写。根据 CSS 样式代码所处的位置，将样式分为以下 3 类。

➢　内联样式

将 CSS 语句放到<head>标签中：<style type= "text/css"> …… </style>。其中<style>中的 "type= 'text/css'" 的意思是<style>中的代码是定义样式表单的，省略号中出现的内容则为 CSS 代码，如图 3-20 所示为定义段落标签<p>的样式规则。

产生内联样式的可视化操作可以在 "CSS 面板" 完成，通过单击 "CSS 面板" 中的 "⬚"

按钮创建新的 CSS 规则，在"CSS 规则"对话
框中设置 CSS 规则。确定后，这些规则将会以
内联样式的方式出现在页面中。

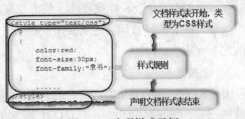

图 3-20　内联样式示例

> 行内样式

CSS 样式写在 XHTML 的标签内。如下面
的代码表示该段落的字体大小 14pt，字体颜色
为蓝色。

```
<p style="font-size: 14pt; color: blue">蓝色 14 号文字</p>
```

这是采用定义属性 style 的值设置标签的样式，通过 style=" " 的格式把样式写在 html 中的
任意行内，这样比较方便灵活。但这种行内样式的缺点是当前的样式规则只对当前的标签起作用。

在 Dreamweaver CS5 中如何进行可视化操作以产生行内样式?

如果需要对某个标签进行可视化操作产生行内样式，需要进行如下操作。

① 在标签选择器中选择相应的标签;

② 在其对应的属性面板中选择 CSS 选项卡，如图 3-21 所示，在"目标规则"中选择"新内
联样式"，选择"编辑规则"按钮;

③ 在弹出的"CSS 规则对话框"中设置样式规则;

④ 单击"确定"按钮后，设置的 CSS 规则将出现在相应的标签中。

图 3-21　行内样式的创建

> 外部样式

将编辑好的 CSS 文档保存成".CSS"文件，然后在<head>中定义，链接到页面中。定义的格
式是这样的: <head> <link rel="stylesheet" href="style.css" > … </head>。

其中<link>标签中"rel=stylesheet"指连接的元素是一个样式表(stylesheet)文档;后面的"href=
'style.css'"指的是需要链接的文件地址。只需把编辑好的".CSS"文件的路径名正确写入即可链
接外部样式。

或者可以通过下面的可视化操作完成外部样式链接，具体操作如下:

① 从"窗口"菜单选择"CSS 样式"，弹出"CSS 面板";

② 单击"CSS 面板"中的" "，弹出"链接外部样式表"对话框，如图 3-22 所示;

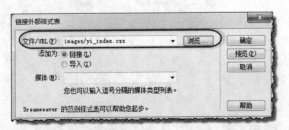

图 3-22　"链接外部样式表"对话框

117

③ 选择相应的 CSS 样式文件，单击"确定"按钮，该文件以外部样式的方式链接到页面。

这种方法非常适宜同时定义多个文档。它能使多个文档同时使用相同的样式，从而减少了大量的冗余代码。

3．选择器

要使用 CSS 对 HTML 页面中的元素实现一对一，一对多或者多对一的控制，这就需要用到 CSS 选择器。选择器可以是一个 HTML 标签（如 body，h1 等），也可以是定义了 id 或 class 的标签。下面介绍 4 种选择器。

➤ 标签选择器

一个完整的 HTML 页面是由很多不同的标签组成的，而标签选择器，则是决定 HTML 标签采用哪些相应的 CSS 样式。图 3-23 所示反映当前的 CSS 样式为规定标签<h1>。

用户可以在可视化操作中对标签进行重新定义，生成标签选择器的样式。单击"CSS 面板"中的" 🔁 "按钮，新建 CSS 规则，在"新建 CSS 规则"对话框中的"选择器类型"选择"标签"，如图 3-24 所示，则是对标签选择器的样式进行定义。

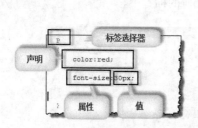

图 3-23　标签选择器

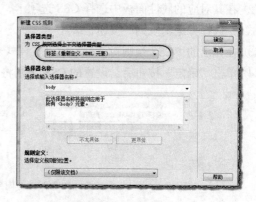

图 3-24　标签选择器

➤ ID 选择器

根据页面元素的 ID 来选择样式的对象，具有唯一性。这种样式在 id 前面以"#"号来标志，样式的格式如图 3-25 所示。

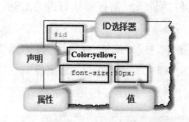

图 3-25　ID 选择器

举例：定义一个样式

```
#demoDiv{
color:#FF0000;
}
```

这里代表 id 为 demoDiv 的元素，它的字体颜色设置为红色。

如果在页面上有相同的元素，但只有该元素的 ID 定义为 demoDiv，样式才会对该元素起作

118

用，如图 3-26 所示。

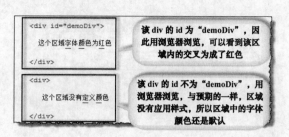

图 3-26　样式的应用

用户可以在可视化操作中根据页面元素的 id 对页面元素的样式进行重新定义，生成 ID 选择器的样式。单击"CSS 面板"中的" ➕ "按钮，新建 CSS 规则，在"新建 CSS 规则"对话框中的"选择器类型"选择"ID"，如图 3-27 所示，则是对 ID 选择器的样式进行定义。

➢　类选择器

类选择器根据类名来选择，在类名前面加"."来标志类样式，类样式的格式如图 3-28 所示。

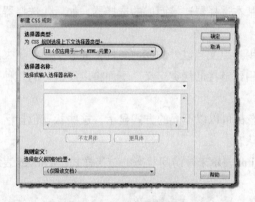

图 3-27　ID 选择器的创建

图 3-28　类样式格式

举例：定义一个类样式。

```
.demo{
color:#FF0000;
}
```

在 HTML 中，元素可以定义一个 class 的属性，从而应用相应的类样式，如图 3-29 所示。

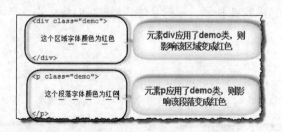

图 3-29　类样式应用

用户可以在可视化操作中进行类选择器定义，生成 ID 选择器的样式。单击"CSS 面板"中的" ➕ "按钮，新建 CSS 规则，在"新建 CSS 规则"对话框中的"选择器类型"中选择"类"，如图 3-30 所示，则是对类选择器的样式进行定义。

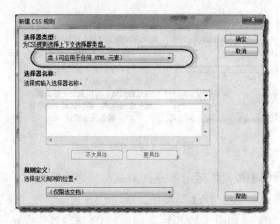

图 3-30 类选择器的创建

➤ 复合选择器

复合选择器是通过不同方式将两个或多个基本选择器连接而成的选择器，如后代选择器、伪类选择器等。

伪类选择器是指当前页面元素可能还需要用到除文档以外的其他条件（如某个动作）来改变其元素的样式，比如鼠标悬停等。这就需要应用到链接的伪类定义。下面将以超链接的几种伪类选择器为例子说明复合选择器。

在支持 CSS 的浏览器中，链接的不同状态都可以以不同的方式显示，这些状态包括活动状态、已被访问状态、未被访问状态和鼠标悬停状态。

下面的代码是超链接的伪类定义，其中 a:link 表示未被访问状态的链接样式；a:hover 表示鼠标悬停状态的链接样式。

```
a:link{
color:#FF0000;
}
a:hover{
font-size:36px;
text-decoration:none;
}
```

代码应用在超链接时的效果如下图所示，图 3-31 所示为超链接默认的样式，字体颜色为红色，超链接的字体有下划线；图 3-32 所示为鼠标悬停到超链接时的样式，字体大小变成 36px，并且超链接的字体无下划线。

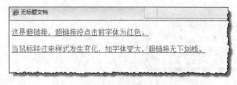

图 3-31 超链接默认的样式

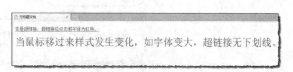

图 3-32 鼠标悬停到超链接时的样式

复合选择器的可视化操作是在"新建 CSS 规则"对话框中，选择"复合内容"选择器，如图 3-33 所示，再对其选择器进行样式定义。

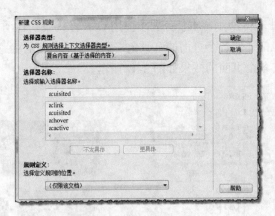

图 3-33 复合内容选择器

4．CSS 样式面板

使用"CSS 样式"面板不仅可以跟踪文档当前可用的所有规则和属性，也可以影响当前所选页面元素的 CSS 规则和属性。

在 DW 中，"CSS 样式"面板是新建、编辑及管理 CSS 的主要工具。选择"窗口"→"CSS 样式"命令可以打开或者关闭"CSS 样式"面板，如图 3-34 所示。使用"CSS 样式"面板还可以在"所有"和"当前"模式下修改 CSS 属性。

在工具按钮栏中能够对 CSS 进行有效地管理。

➢ 附加样式表（ ）：单击该按钮可以链接到或导入外部 CSS 样式表，单击后弹出如图 3-35 所示的对话框。该方法通过<link>导入外部样式。

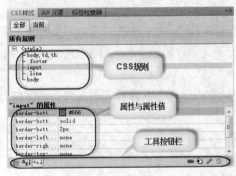

图 3-34 CSS 样式面板

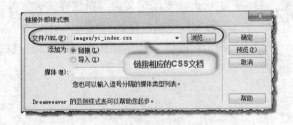

图 3-35 链接外部样式表对话框

➢ 新建 CSS 规则（ ）：新建 CSS 规则会出现在<style>标签中，从而影响页面的样式。

➢ 编辑 CSS 规则（ ）：对已建好的 CSS 规则进行修改。

➢ 删除 CSS 规则（ ）：选中已建好的 CSS 规则，单击该按钮将从页面中删除该规则。

3.3 任务 2——应用 CSS 到网页

3.3.1 任务与目的

某站点各页面（首页 index.html、诗歌一页面 1.html、诗歌二页面 2.html 及诗歌三页面 3.html）

未应用样式前的效果如图 3-36 所示。本任务要求应用 CSS 样式表到各个页面，使网站具有统一、一致的风格。具体操作包括，使各个页面的背景色一致，使子页面的标题、作者、正文内容、字体大小及字形一致。最终各个页面的效果如图 3-37 所示。

图 3-36　未应用 CSS 样式前各页面效果　　　图 3-37　应用 CSS 样式后各页面的效果

任务的目的：

➢ 掌握应用样式表文件。

➢ 了解如何应用样式表快速、有效地对网页的整体风格进行控制。

3.3.2　操作步骤

1．设置所有页面的页面属性

单击 CSS 面板中的"　"按钮，新建 CSS 规则，弹出图 3-38 对话框。选择器类型为"标签"，标签为 body，规则定义为"新建样式表文件"，而不是"仅限该文档"，则样式表会以一个扩展名为.css 的文件形式保存。

单击"确定"按钮，弹出如图 3-39 所示对话框，对话框提示保存新建样式表文件，如保存为 style.css。

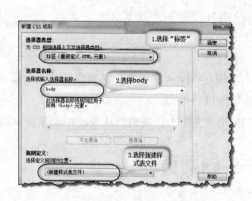

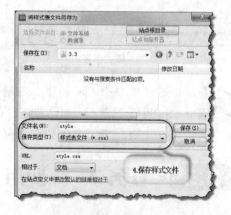

图 3-38　新建 CSS 规则对话框　　　　　　图 3-39　样式表另存为对话框

单击"保存"按钮，弹出 CSS 规则定义对话框，在该对话框中可以对类型、背景、区块、方框、边框、列表、定位及扩展类别进行设置。此任务要求在.body 标签的 CSS 规则做如下设置：

① 在"类型"选项中，页面字体大小设置为 12px，如图 3-40 所示；

② 在"背景"选项中，页面的背景颜色设置为#FF00CC，如图 3-41 所示；

③ 在"区块"选项中，设置页面文本对齐方式，选择居中显示，如图 3-42 所示。

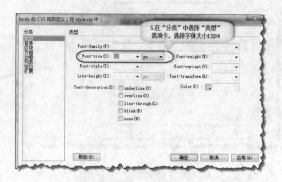

图 3-40　设置字体大小

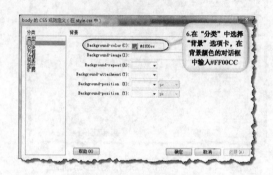

图 3-41　设置背景颜色

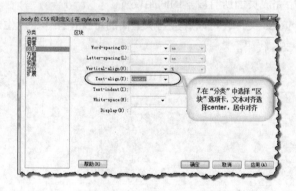

图 3-42　设置文本对齐方式

参数设置完成后，单击"确定"按钮，创建 body 标签的 CSS 规则会保存在 style.css 文件中，同时将自动在当前页面生效。

2．设置所有页面的段落间距

单击 CSS 面板中的"⊞"按钮，新建 CSS 规则，弹出"新建 CSS 规则"对话框。选择器类型为"标签"，标签为 p，规则定义为"仅限该文档"，如图 3-43 所示。

单击"确定"按钮，弹出"p 的 CSS 规则定义"对话框，如图 3-44 所示。选择"类型"分类中的 Line-height，设置行高为 150%。

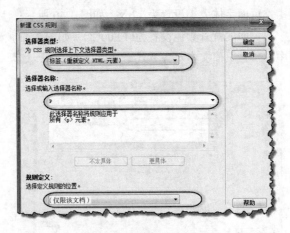

图 3-43　新建<p>标签规则

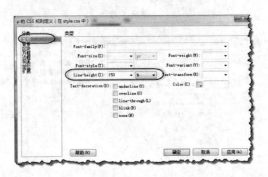

图 3-44　<p>标签的 CSS 规则定义对话框

单击"确定"按钮后完成页面所有段落的间距设置。

在文件面板打开 style.css 文件，可以观察到从上面的可视化操作中产生的两个标签选择器代码，下面是它们相应的 CSS 代码。

```
body {
    font-size: 12px;
    text-align: center;
    background-color: #F0C;
}
p {
    line-height: 150%;
}
```

但如何将 style.css 应用于其他页面呢？

打开任何一未应用 style.css 的页面，如诗歌二页面（2.html）。单击 CSS 面板的 "　　" 按钮添加附加样式表，弹出"链接外部样式表"对话框。单击"浏览"按钮，从站点文件夹中选择已创建好的样式文件 style.css，如图 3-45 所示。

单击"确定"按钮，CSS 规则将应用于当前的页面。其他页面链接 style.css 的方法一致，此处不再叙述。

切换到"代码"视图，每个页面链接 CSS 样式文件，都会产生如下代码。

```
<link href="style.css" rel="stylesheet" type="text/css" />
```

到此为止，所有页面的页面属性保持一致。特别地，当页面需要进行换肤时，只需要修改

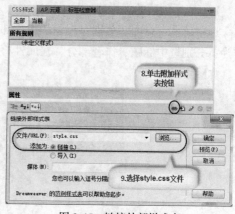

style.css 的背景，所有页面将自动根据 CSS 规则的变化而变化，方法简单而有效。

3．设置诗歌页面的标题及作者的样式

诗歌页面中的标题及作者的格式具有统一的风格。包括以下设置：

① 标题：华文楷体、大小 24 像素、加粗、颜色#3300FF；

② 作者：大小 18 像素、颜色#00FFFF、加下划线。

具体操作如下所示。

➢ 新建类样式

图 3-45 链接外部样式表

在 CSS 面板中新建 CSS 规则，新建两个类样式，名称分别为.biaoti、.zhuzhe。根据上面对标题及作者的格式要求，其中.biaoti 类样式的参数设置如图 3-46 所示，.zhuzhe 类样式的参数设置如图 3-47 所示。所示类样式创建完成后会保存在 style.css 文件中。

图 3-46 创建.biaoti 类样式

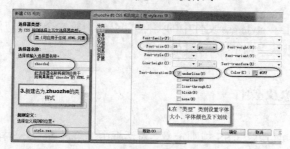

图 3-47 创建.zhuozhe 类样式

切换到"代码"视图，在 style.css 文件中创建上面两个类样式会产生以下代码。

```css
.biaoti {
    font-family: "华文楷体";
    font-size: 24px;
    font-weight: bold;
    color: #30F;
}
.zhuozhe {
    font-size: 18px;
    color: #0FF;
    text-decoration: underline;
}
```

➢ 应用创建的类样式

选中诗歌一页面，分别对标题、作者部分应用样式。这部分在前面的章节已经叙述。具体操作为：分别选中标题、作者部分，在属性检查器的"类"选项中分别选择".biaoti"、".zhuozhe"类，如图 3-48 所示。

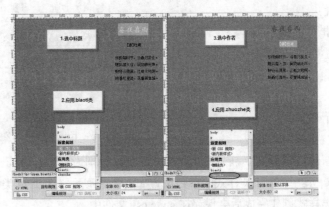

图 3-48　应用.biaoti 和.zhuozhe 类样式

其他页面的标题、作者部分的设置类似，此处省略。

切换到代码视图，应用类样式会改变某些标签的属性值，代码如下。

```
<p class="biaoti"><strong>春晓</strong></p>
<p class="zhuozhe">【唐】孟浩然</p>
<p>春眠不觉晓，<br />
处处闻啼鸟。<br />
夜来风雨声，<br />
花落知多少。</p>
```

其中第一个段落应用了 style.css 文件中的类样式.biaoti，第二个段落应用了类样式.zhuozhe，第三个段落的样式规则默认采用了<p>标签的样式。

3.3.3　相关概念及操作

所有的 CSS 规则都可以在"CSS 规则定义"对话框中进行设置。CSS 样式表可以定义包括字体属性、背景属性、区块属性、方框属性、边框属性、列表属性、定位属性及扩展属性 8 部分的设置。不同的类型的属性设置具有相应的设置对话框，下面将介绍部分属性参数的作用。

1."类型"属性

在"分类"列表框中选择"类型"选项，可设置 CSS 样式的"类型"参数，如图 3-49。"类型"属性主要是定义网页中字体的属性，包括字体、大小、字号、颜色等。

"类型"分类选项卡中的主要参数如下所示。

➢ Font-family：字体。设置字体选择，还可以编辑字体列表，如图 3-50 所示。可以从可用字体中选择添加到字体列表。

➢ Font-size：大小。字体大小的设置。字体大小的单位取值主要有 px、pt 及 em 等。

➢ Font-weight：粗细。字体粗细的设置。主要可以有以下几种取值：normal（正常）、bold（粗体）及 bolder（更粗）等。

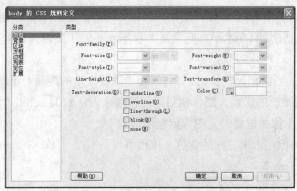

图 3-49　"类型"参数设置界面　　　　　　　图 3-50　"编辑字体列表"对话框

➤ Font-style：样式。字体的样式设置，常用于规定斜体文本。主要取值有：normal（文本正常显示）、italic（文本斜体显示）及 oblique（文本倾斜显示）。

➤ Font-variant：变体。字体变形，设定小型大写字母，采用不同大小的大写字母。

➤ Line-height：行高。行高的单位取值主要有像素、百分比等。

➤ Text-transform：大小写。

➤ Text-decoration：修饰。设置文本的修饰形式，文本的修饰方式有：underline（下划线）、overline（上划线）、line-through（删除线）、blink（闪烁）及 none（无）。

➤ Color：颜色。设置字体颜色，可以直接在文本框中输入颜色的 RGB 值，也可以在调色板中选择颜色。

2. "背景"属性

在"分类"列表框中选择"背景"选项，可设置 CSS 样式的"背景"参数，如图 3-51 所示。"背景"属性主要是定义网页中的颜色和背景，如背景颜色、图像等。

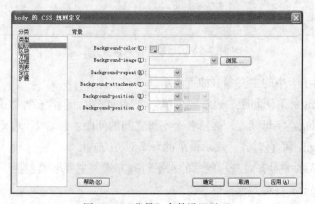

图 3-51　"背景"参数设置界面

"背景"分类选项卡中的主要参数如下所示。

➤ Background-color：设置页面元素的背景颜色。可以直接在文本框中输入颜色的 RGB 值，也可以通过调色板选择颜色。

➤ Background-image：设置页面元素的背景图像。背景除了颜色以外，也可以通过浏览选择站点中的图像文件。background-image 属性的默认值是 none，表示背景上没有放置任何图像。

➤ Background-repeat：设置背景重复。如果需要在页面上对背景图像进行平铺，可以使用

background-repeat 属性。它有 4 个取值：no-repeat（不允许图像在任何方向上平铺）、repeat（图像在水平和垂直方向上都平铺）、repeat-x（图像只在水平方向重复）和 repeat-y（图像只在垂直方向重复）。

➢ Background-attachment：背景关联。当文档比较长，设置背景是否随着文档的滚动而滚动。它的取值有两种：fixed（固定，不会受到滚动的影响，图像相对于可视区是固定的）、scroll（滚动，背景会随文档滚动，文档滚动到超过图像的位置时，图像就会消失）。

➢ Background-position（X）：背景图像在水平方向的定位。取值可以是 left、right 和 center 等关键字，也可以是数值，如 100px 或 5cm 等。

➢ Background-position（Y）：背景图像在垂直方向的定位。取值可以是 top、bottom 和 center 等关键字，也可以是数值。

3．"区块"属性

在"分类"列表框中选择"区块"选项，可设置 CSS 样式的"区块"参数，如图 3-52 所示。"区块"属性包括网页中区块元素的间距、对齐方式及缩进等属性。其中，区块可以是文本、图像和层等元素。

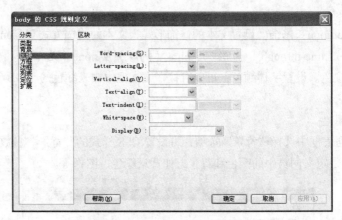

图 3-52 "区块"参数设置界面

"区块"分类选项卡中的主要参数如下所示。

➢ Word-spacing：单词间距。表示各个单词之间的间距。包含多种数值单位可选。

➢ Letter-spacing：字母间距。表示各个字母之间的间距。包含多种数值单位可选。

➢ Vertical-align：垂直对齐。表示段落的垂直对齐方式。

➢ Text-align：水平对齐。表示段落的水平对齐方式。主要取值包括：center（居中对齐）、left（左对齐）和 right（右对齐）。

➢ Text-indent：文字缩进。表示段落的首行文本缩进方式。如首行缩进 2 个字符，则文字缩进的值可设为 25px。

➢ White-space：空格。定义段落中空白字符的处理方式。

➢ Display：显示。定义页面元素的显示方式，取值如：none（无）、block（块）等。

4．"方框"属性

在"分类"列表框中选择"方框"选项，可设置元素在页面上的放置方式，如图 3-53 所示。"方框"属性包括区块元素的内容距区块边框的距离、区块的大小及区块间的间隔等，设置此类属性能达到页面图文混排的效果。区块元素可为层、图像、文本等。

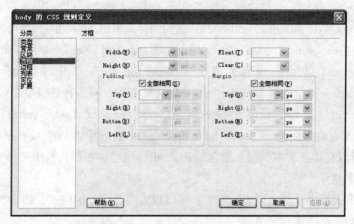

图 3-53　"方框"参数设置界面

"方框"分类选项卡中的主要参数如下所示。

➤　Width：宽。表示区块元素的宽度。单位取值有多种，如像素等。

➤　Height：高。表示区块元素的高度。取值单位同宽。

➤　Float：浮动。表示区块元素的浮动方式。有三种取值 left（左浮动）、right（右浮动）和 none（无浮动）。

➤　Clear：清除。表示区块元素的浮动方式取消。属性的值可以是 left、right、both 或 none。

➤　Padding：填充。表示区块元素的内边距，指边框和内容区之间的距离，可设置 Padding-Top（顶部填充）、Padding-Right（右侧填充）、Padding-Bottom（底部填充）和 Padding-Left（左侧填充）4 个填充距。属性接受长度值或百分比值，但不允许使用负值。

➤　Margin：边界。块元素的外边距，指围绕在元素边框的空白区域。与填充一样，它也有 4 个边界值：Margin-Top（上边距）、Margin-Right（右边距）、Margin-Bottom（下边距）和 Margin-Left（左边距）。该属性接受任何长度单位，可以是 px（像素）、in（英寸）或 mm（毫米）等。

5．"边框"属性

在"分类"列表框中选择"边框"选项，可设置元素周围边框的设置，如图 3-54 所示。"边框"属性主要针对区块元素的边框。

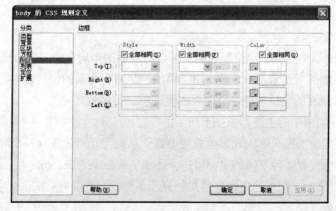

图 3-54　"边框"参数设置界面

"边框"分类选项卡中的主要参数如下所示。

➢ border-style：样式。设置边框的样式。可以设置 4 条边框：border-top-style、border-right-style、border-bottom-style 和 border-left-style。它们的样式取值可以相同，也可以不同。属性取值包括无（none）、实线（solid）、点线（dotted）、虚线（dashed）或双下划线（double）等。

➢ border-width：宽度。设置元素上（border-top-width）、右（border-right-width）、下（border-bottom-width）和左边框（border-left-width）的宽度，有多种数值单位可选。

➢ border-color：颜色。设置边框的颜色，分别是：border-top-color（上边框颜色）、border-right-color（右边框颜色）、border-bottom-color（下边框颜色）和 border-left-color（左边框颜色）。属性值可以直接在文本框输入颜色的 RGB 值，也可以在调色板中选择相应的颜色。

6．"列表"属性

在"分类"列表框中选择"列表"选项，可以设置列表标记的格式，如图 3-55 所示。"列表"属性用于设置项目符号或编号的外观。

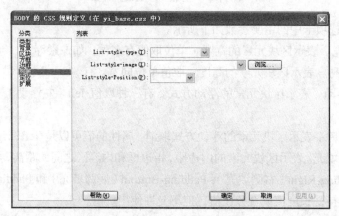

图 3-55 "列表"参数设置界面

"列表"分类选项卡中的主要参数如下所示。

➢ List-style-type：表示列表项的标志类型。主要取值有：none（无）、circle（圆点）、square（方块）及 decimal（数值）。

➢ List-style-image：为某一图像设置列表项的符号，打破常规的标志，作为列表的标志。

➢ List-style-Position：设置在何处放置列表项标记。取值如：inside（项目标记放置在文本以内）或 outside（项目标记放置在文本以外）。

7．"定位"属性

在"分类"列表框中选择"定位"选项，可以对页面的布局和控制进行属性定义，如图 3-56 所示。"定位"属性能够对元素进行定位，用于精确控制网页元素的位置，主要针对层的位置进行控制。有效地利用 CSS 的定位功能，会使页面更动感，更精致。

"定位"分类选项卡中的主要参数如下所示。

➢ Position：定位类型。影响元素生成的方式，从而把元素放置到一个静态的、相对的、绝对的或固定的位置中。有 4 种不同的定位可选：static、relative、absolute 和 fixed。

➢ Visibility：显示，用来确定内容的初始显示条件。可选项有：inherit（继承）、visible（可见）或 hidden（隐藏）。

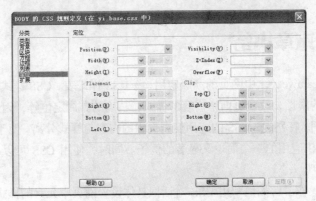

图 3-56 "定位"参数设置界面

➤ Z-index：Z 轴，设置元素的堆叠顺序，从而产生立体效果。该属性的取值为数值。

➤ Overflow：溢出，设置当元素的内容溢出其区域时的处理方法。有 4 种方式：visible（可见）、hidden（隐藏）、scroll（滚动）和 auto（自动）。

➤ Placement：定位，指定内容块的位置。默认单位为像素。

➤ Clip：剪辑，用来定义元素的可见部分。

8."扩展"属性

在"分类"列表框中选择"扩展"选项，"扩展"样式属性主要用于控制鼠标指针形状、控制打印时的分页以及为网页元素添加滤镜效果等。特别地，这些属性设置可能需要浏览器的支持，如图 3-57 所示。

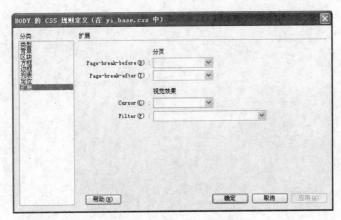

图 3-57 "扩展"参数设置界面

"扩展"分类选项卡中的主要参数如下所示。

（1）分页。

➤ Page-break-before：分页之前。打印期间在样式所控制的对象之前强行分页。

➤ Page-break-after：分页之后。打印期间在样式所控制的对象之后强行分页。

（2）视觉效果。

➤ Cursor：光标，设置鼠标位于样式所控制的对象上时指针的图像。

➤ Filter：过滤器，也称为滤镜，设置对样式所控制的对象可应用特殊的效果，有多种效果可选，如透明、灰度等效果。

3.4 本章小结

本章学习了 Dreamweaver 中网页的高级应用——CSS 样式表。CSS 样式表能够更快速、有效地控制网页中对象的属性，改变页面中内容的样式，精确的布局定位等，因此，它在网页制作中起着较为重要的作用。特别地，CSS 的应用使网页中的内容与样式分离，便于网站的修改和扩展，网站的换肤就是 CSS 应用的一个简单又显著的例子。同时，使用 CSS 可以减少网页的代码量，增加网页的浏览速度。

通过任务 1 的操作了解如何利用 CSS 对话框具体设置网页中元素的样式，掌握 CSS 的语法结构，了解 CSS 文档样式类型及 CSS 样式代码所处的位置，掌握 CSS 几种选择器并进行简单区分等。通过任务 2 的操作掌握如何创建并应用样式表文件，了解如何应用样式表快速、有效地对整体风格进行控制。本章的目的是通过两个较简单的任务为后面深入学习 CSS 奠定基础。

第4章

模板与库项目的使用

在建设一个大规模的网站时，通常要用到 DW 中的模板与库元素。本章将学习如何创建和使用模板。

4.1 认识模板与库项目

网站的主题风格确定好后，各个页面在设计与制作时会保持整体的一致性。因此，设计者可能会考虑到如下两个问题：第一，如何保证这些页面的风格统一；第二，当大部分页面做相同的修改时，如何避免重复操作，从而提高网站的效率。模板可以解决这两个问题。图 4-1 是一些利用模板制作的页面。

模板效果　　　　　　　页面 1 效果图　　　　　　页面 2 效果图　　　　　　页面 3 效果图

图 4-1 利用模板制作的页面

模板相当于网页的样板，它最重要的功能是用来建立一些具有统一风格的网页，省去麻烦的重复操作，从而提高工作效率。它是一种特殊类型的文件，文件扩展名为".dwt"。在网页设计过程中，常常将网页的公共部分（如导航条等）放在模板中，当模板更新时，使用该模板的页面也能进行更新。应用模板的页面则在模板的可编辑区域完成各自页面的内容，而页面除了可编辑区域外的其他区域则被锁定。所以模板一定有至少一个可编辑区域，否则基于该模板生成的页面是不可被编辑的。

所以，应用 DW 的模板具有以下优点：

➢ 可以提高设计者的工作效率；

➢ 更新站点时，使用相同模板的网页文件可同时更新；

➢ 模板与基于该模板的网页文件之间保持连接状态，对于相同的内容可保证完全的一致。

库也是一种特殊的 Dreamweaver 文件，库文件是站点经常重复或使用的页面资源的集合。库文件中的这些资源则称为库项目，库项目与模板类似，利用库项目能创建具有统一风格的网页。当库项目发生变化时，能够自动更新使用该库项目的页面，方便地进行网站的维护。

4.2 任务 1——使用模板制作页面

4.2.1 任务与目的

本任务要求创建模板，并应用模板制作几个风格非常相似的页面，在这些页面中部分内容完全相同。

通过这个任务掌握下面几个方面内容。

➢ 掌握如何创建模板。

➢ 掌握如何使用模板制作网页。

➢ 掌握修改模板及更新页面。

4.2.2 操作步骤

1. 创建模板

模板是用来制作网页的公共部分，它的制作方法与普遍页面的制作方法类似。

创建的模板需要存放在站点根目录下的"Templates"文件夹中。如果站点根目录下没有此文件夹，该文件夹就会因模板的创建而自动生成，否则需要在站点根目录下手工增加该文件夹。

具体操作步骤如下所示。

（1）新建一个名为"BLOG"的站点，并在站点中创建一个空模板。选择"文件"菜单下的"新建"命令，弹出如图 4-2 所示对话框，选择"空模板"→"HTML 模板"命令。如果模板中需要应用附加的样式文件，可以通过单击图 4-2 中的附加 CSS 文件的" ▓▓ "按钮，应用外部样式表。

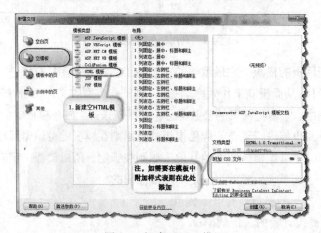

图 4-2　新建 HTML 模板

单击"创建"按钮，完成空模板的创建，文件名为 untitled-1.dwt。

在模板的设计视图中对模板进行编辑，类似于普通页面，添加文本、图像、表格等页面元素。
具体步骤如下。

➢ 插入一个 4×2 的表格，表格的宽度为 950 像素。依次合并第 1、2、3 行的第 1 列单元格，
合并第 4 行的第 1、2 列的单元格。表格最后设计效果如图 4-3 所示。

图 4-3 页面布局表格

➢ 将光标置于表格中第 1 行第 1 列的单元格，在属性面板设置宽为 316 像素，高为 661 像
素，如图 4-4 所示。其他单元格的修改类似，将光标置于表格中第 1 行第 2 列的单元格，设置宽
为 634 像素，高为 145 像素。将光标置于第 2 行第 2 列的单元格，设置高为 65 像素。将光标置于
第 3 行第 2 列的单元格，设置高为 451 像素。

图 4-4 修改单元格的宽高

➢ 插入素材中的图像，完成后库项目效果如图 4-5 所示。

图 4-5 制作的模板文件

（2）创建模板的可编辑区域。默认情况下，整个模板处于锁定状态，不可以编辑。如果模板
没有可编辑区域，Dreamweaver 将会弹出提示信息对话框，如图 4-6 所示。因此，需要指定模板
哪些部分可以编辑，从而使模板生效。

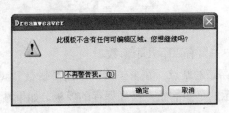

图 4-6 提示对话框

在模板创建可编辑区域时，首先选中需要创建可编辑区域的位置，然后选择"插入"菜单→"模板中的对象"命令，如图 4-7 所示。

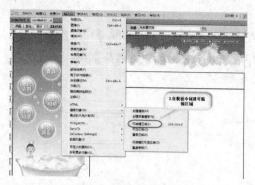

图 4-7　创建可编辑区域

选择"可编辑区域"命令，弹出如图 4-8 左侧所示的"新建可编辑区"对话框。在对话框中的"名称"对应的文本框中填入"main"，即给当前选中的可编辑区域命名为"main"。

单击"确定"按钮后名称为"main"的可编辑区域插入完成。在模板的设计视图中可以观察到可编辑区域的名称显示在区域的顶端，区域边框为蓝色，如图 4-8 右侧所示的效果。

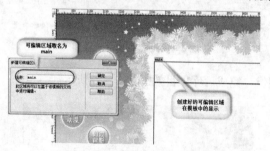

图 4-8　　"可编辑区域"的插入

（3）保存模板。模板编辑完成后，选择"文件"菜单→"另存为模板"命令，弹出"另存模板"对话框，如图 4-9 左侧所示。

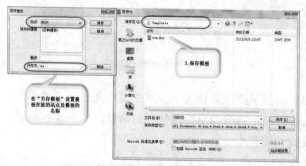

图 4-9　模板的保存

在"另存模板"对话框中主要有以下几个参数。

➢　"站点"：选择模板存储的站点，在下拉列表中选择站点 BLOG。

➢　"现存储模板"：显示的是当前站点已经保存的模板。如果站点暂时无模板，那么将无显示内容。

> ➤ "另存为"：模板存储的文件名。在"另存为"文本框后输入文件名为"me.dwt"。

单击"保存"按钮，弹出"另存为"对话框。模板保存时自动保存在站点根目录下的"Templates"文件夹中，如果该文件夹不存在，则会随着模板的保存而自动生成。如果模板放在其他位置，则模板会失效。

2．应用模板

模板创建之后，应用模板在网页，可以制作出具有相同风格的一组网页。具体操作如下所示。

（1）在站点 BLOG 下新建一个 HTML 页面。选择"文件"菜单→"新建"命令，弹出"新建文档"对话框，选择"模板中的页"选项，从站点"BLOG"中选择所需的模板"me.dwt"进行页面创建，如图 4-10 所示。

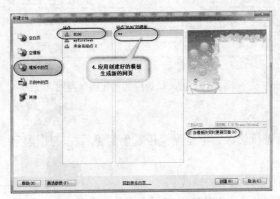

图 4-10　利用模板新建文档

该对话框中有两个重要的选项。

> ➤ 站点

设计者可以在该栏选择站点，这意味着创建的 HTML 页面将出现在所选择的站点中。

> ➤ 站点的模板

某个站点中可以有多个模板，在该栏选择某一模板，意味着创建的 HTML 页面将基于选择的模板而创建。

特别地，如果选中了"当模板改变时更新页面"的选项，则当模板发生改变时，其他应用了此模板的页面会自动随着模板的更新而更新。

（2）单击"创建"按钮，新的页面中会出现模板中已设计好的内容。根据设计需要，在新页面的可编辑区域输入相关的内容，页面制作完成，效果如图 4-11 所示。

图 4-11　利用模板生成的页面效果

保存页面，文件名为 index.html，完成页面的制作。其他页面的制作方法与 index.html 的方法类似，此处不再重复。

切换到代码视图，可以观察页面应用模板后，在代码区中多出一部分灰色代码，这部分代码是无法修改的。如图 4-12 所示为模板的部分代码，其中灰色字体为锁定状态，不可编辑；而可编辑区域中的字体非灰色。

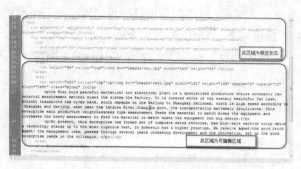

图 4-12　插入模板后的"代码"视图

3. 修改模板及更新

设计人员可以对模板进行修改，但是当模板发生变化后，应用模板的页面会随之更新吗？答案是肯定的。

对已有的模板 me.dwt 进行如下的修改：

（1）页面背景颜色的修改，背景颜色变为#999999；

（2）在模板页面的页末插入一行，输入文字"版权信息 违者必究"。

最后，修改的模板效果如图 4-13 所示。

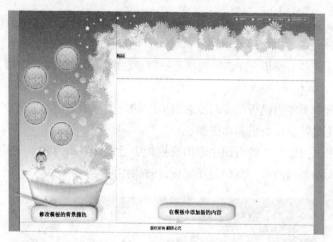

图 4-13　修改模板

选择"文件"菜单→"保存"命令，保存已修改的模板，弹出"更新模板文件"对话框，如图 4-14 所示的对话框。对话框中显示了站点中所有基于该模板的页面文件。

如果单击"更新"按钮，则弹出"更新页面"对话框，DW 将自动对与模板有连接的文件进行更新，并显示更新状态。

如果单击"不更新"按钮，则所有基于此模板的文件不进行更新操作。

如果想以后更新页面，则可以选择"修改"
菜单→"模板"命令，选择"更新当前页"，更新
模板到当前页。若选择"更新页面"，将更新站点
所有应用了该模板的页面。

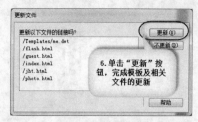

图 4-14 更新页面

4.2.3 相关概念及操作

1. 模板的创建与编辑

➤ 模板的创建主要有下面几种方法。

（1）新建空模板。选择"文件"菜单中的"新建"命令后，选择"空白页"，页面类型选择
"HTML 模板"，如图 4-15 左侧图所示。或者也可以选择"空模板"，模板类型选择"HTML 模板"，
单击"创建"按钮完成创建空模板，如图 4-15 右侧图所示。

图 4-15 创建空模板

（2）将已有的页面保存为模板。将已有的页面转换成模板的步骤：打开已有的 HTML 页面，
选择"文件"菜单→"另存为模板"菜单，如图 4-16 所示。弹出"另存为模板"对话框，选择相
应的"站点"用来保存模板，并在"另存为"文本框中为模板输入新建模板的名称。

图 4-16 已有页面保存为模板

（3）使用资源页面创建模板。在"窗口"菜单中选择"资源"，显示"资源"面板。"资源"
面板中"模板"列表里包括站点所有的模板。单击"新建模板"按钮，一个新的、无标题模板即
空模板将被添加到"资源"面板的模板列表中，如图 4-17 所示。

图 4-17　资源面板

➢ 打开模板

① 与普通 HTML 文件的打开方式相同。站点中所有的模板都存储在站点根目录中的 Templates 文件夹里，模板的扩展名为.dwt。只要从站点中选中要编辑的模板文件，双击即可载入模板文件。

② 在模板面板中打开。在模板面板中选择要编辑的模板，双击模板文件，或是单击模板面板右下角的编辑按钮（ ），即可启动 DW 的文档窗口，载入模板文件。

➢ 设置模板的可编辑区域

① 插入新的可编辑区域。打开模板文件，然后将光标放置在要标记为可编辑区域的位置，右键单击选择"模板"中的"新建可编辑区域"或选择"插入"→"模板对象"→"可编辑区域"，显示"新建可编辑区域"对话框。

在该对话框中设置可编辑区域的名称，"确定"后即可创建可编辑区域。

② 将现有内容标记为可编辑区域。选中模板中的文字、图像或层等页面内容后，按照上述操作建立可编辑区域，即可将选中的对象设为可编辑区域。

➢ 取消模板的可编辑区域

如果模板中的某个可编辑区域不需要，则可取消对其标记，重新设置为锁定区域。具体操作为：

① 在模板文档中，选择想要更改的可编辑区域；

② 选择"修改"→"模板"→"删除模板标记"菜单命令。

也可以切换到"代码"视图，在代码区中删除模板的可编辑区域的代码部分。

➢ 浏览模板

制作好的模板一般不可在浏览器中预览。但如果设置了浏览器使用临时文件预览，则可以通过临时文件在浏览器中查看模板，设置操作如图 4-18 所示。

2．模板的管理

➢ 查找模板文件

① 方法一：站点根目录下的 Templates 包含站点中所有的模板，因此可在该文件夹中查找所需的模板。

② 方法二：单击"资源"面板中的"模板"，显示模板列表。

➢ 重命名模板

选中需要重命名的模板文件，再单击一次则可编辑模板文件的名称，或可以右键单击选择"重命名"编辑模板。

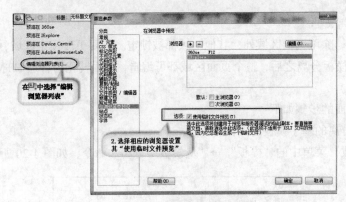

图 4-18 编辑浏览器

> 删除模板

① 在资源面板中选择模板列表，直接单击资源面板右下角的删除按钮（🗑）。

② 按上述方法查找到模板文件，选中要删除的模板文件右键单击"删除"命令完成。

3. 应用模板

> 新建基于模板的页面

基于模板新建页面主要有两种方法。

① 方法一：在第 4.2 节中的任务中用到过这种方法，即选择"文件"→"新建"菜单，在弹出的对话框中选择"模板中的页"选项卡，选择相应的模板，完成新建基于模板的页面。

② 方法二：在资源面板选择模板列表中的一个模板，右键单击选择"从模板新建"，在 DW 窗口中载入一个应用了模板的页面，如图 4-19 所示。

图 4-19 从资源面板新建基于模板的页面

> 已有文档应用模板

已存文档需要应用模板或更改模板，具体操作如下：

打开需要应用模板的已存文档。在资源面板上的模板列表中，选择要应用的模板，右键单击选择"套用"命令，或者选择"修改"菜单中的"模板"→"应用模板到页"命令。

特别地，当对已有文档应用模板时，如果文档和模板在区域上没有一定的对应关系，则模板在文档中将不能正常应用。

➢ 从模板分离文档

应用模板的文档除可编辑区域外，其他区域都被锁定。若要更改锁定区域，必须将该文档从模板分离。页面与模板分离之后，整个页面区域都可编辑，页面转化为普通 HTML 页面，并且保留网页中原有内容。

从模板分离页面的步骤如下：

① 打开需要分离的基于模板的页面；

② 选择"修改"菜单中的"模板"→"从模板中分离"命令，如图 4-20 所示。

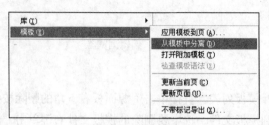

图 4-20　从模板中分离

某个页面完成模板分离文档后的操作后，页面与模板将失去关联，即当模板更新后，该页面不会受影响。

4.3　任务 2——使用库项目制作页面

4.3.1　任务与目的

本任务要求利用库项目的方法制作任务一中所完成的风格非常相似的页面，将这些页面中部分相同内容创建为库项目而非模板。

目的：

➢ 掌握如何创建库项目。

➢ 掌握如何编辑库项目。

➢ 掌握库项目的使用。

4.3.2　操作步骤

在任务一中所完成的页面中，有部分内容是重复的，因此可以将这些重复的内容创建成库项目，避免重复操作。

（1）新建站点。

（2）选择"窗口"菜单→"资源"命令，显示"资源"面板。在"资源"面板中单击"库"按钮，显示库文件面板。如图 4-21 所示。

该面板可以对站点中的所有库项目进行管理。面板中包含 4 个按钮，主要作用如下所示。

➢ "　C　"按钮：刷新站点列表，显示所有站点中已创建的库项目。

➢ "　➕　"按钮：单击该按钮可以在站点中新建库项目。

> ➤ "" 按钮：单击该按钮可以修改选中的库项目。

> ➤ "　" 按钮：单击该按钮可以删除所选中的库项目。

（3）单击 "　" 按钮，创建一个库项目，默认名为 untitled.lbi，将其重命名为 myblog.lbi。此时库项目自动保存在站点根目录下的文件夹 Library 中，该文件夹是自动生成的，如图 4-22 所示。

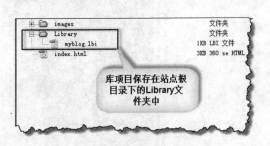

图 4-21　新建库项目　　　　　　　　　图 4-22　创建库项目后站点结构

（4）双击库项目在文档窗口打开，如图 4-23 所示。

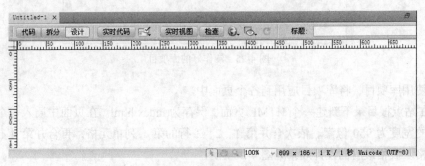

图 4-23　未编辑的库文档

（5）编辑库项目。库项目中能包括网页\<body\> 标签中的元素，如表格、文本、图像等，但它不能包括如 CSS 样式表等。创建好的空库项目的编辑步骤如下所示。

➤ 在库项目的 "设计" 视图中插入素材文件夹中的 left.jpg，如图 4-24 所示。

➤ 在库项目中的图像上创建热点超链接。选中图像，单击图像属性面板中的矩形热点工具 "　" 按钮，在图像中 "首页" 字样位置处绘制。绘制的过程中，可以单击指针热点工具 "　" 来调整热点区域的位置。在属性面板中的 "链接" 文

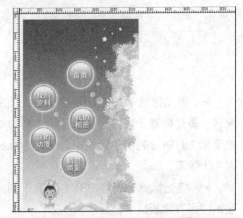

图 4-24　在库项目中插入图像

本框中输入 "../index.html"。链接文件的 URL 是一个相对路径，表示链接文件是保存在库文档目

录的上一级目录中的 index.html 文件。

➢ 其他热点链接的方法类似，可以直接绘制，然后在"链接"文本框中分别输入链接文件。如"我的相册"对应的链接文件为"../photo.html"等。

也可以将制作好的热点链接选中，按下快捷键【Ctrl+C】复制，【Ctrl+V】粘贴。选择热点指针工具"　"将其拖动到合适的位置。

➢ 编辑完成后保存。制作好的库项目如图 4-25 所示，主要是页面右侧的导航，减少了在每个页面重复制作的过程。

图 4-25　制作好的库项目

（6）使用库项目，将库项目应用到各个页面中。

➢ 在站点根目录下新建一个 HTML 页面，保存为 index.html。在页面中插入一个 4×2 的表格，表格的宽度为 950 像素。依次合并第 1、2、3 行的第 1 列单元格，再合并第 4 行的第 1、2 列的单元格。表格最后的设计效果如图 4-26 所示。

图 4-26　页面布局表格

➢ 将光标置于表格中第 1 行第 1 列的单元格中，在属性面板中设置宽为 316 像素，高为 661 像素。将光标置于表格中第 1 行第 2 列的单元格中，设置宽为 634 像素，高为 145 像素。将光标置于第 2 行第 2 列的单元格中，设置高为 65 像素。将光标置于第 3 行第 2 列的单元格中，设置高为 451 像素。

➢ 将光标置于表格中第 1 行第 1 列的单元格中。选择"资源"面板，单击"确定"按钮，显示"库"面板。

选择创建好的 myblog.lbi，单击面板上的"插入"按钮，将该库项目插入到表格的单元格中，如图 4-27 所示。

特别地，当库项目插入到页面后，就不能在页面中进行修改了。如果需要修改只能在库项目中修改，并且更新应用该库项目的页面。

图 4-27　页面插入库项目

➢　在布局表格中完成 index 页面中其他内容的插入，最后页面如图 4-28 所示。

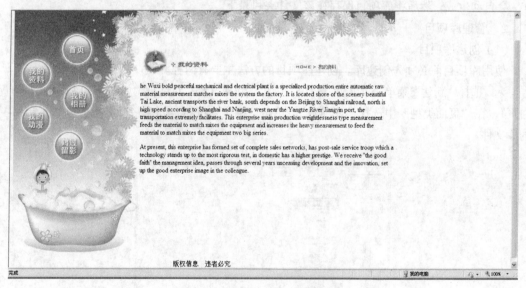

图 4-28　利用库项目完成的页面

（7）其他页面操作类似于 index.html，将库项目应用在各个页面，以减少重复制作导航的工作，此处不再赘述。

切换到"代码"视图，代码视图中出现部分黄色代码，这部分为插入库项目所产生的代码。如图 4-29 所示，其中<!-- #BeginLibraryItem "/Library/myblog.lbi" -->与<!-- #EndLibraryItem -->之间所包含的代码即为 myblog.lbi 所包含的页面资源。

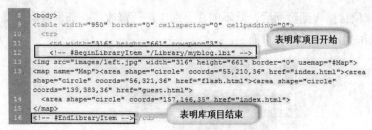

```
8   <body>
9   <table width="950" border="0" cellspacing="0" cellpadding="0">
10    <tr>
11      <td width="316" height="661" rowspan="3">                    表明库项目开始
12        <!-- #BeginLibraryItem "/Library/myblog.lbi" -->
13  <img src="images/left.jpg" width="316" height="661" border="0" usemap="#Map">
13  <map name="Map"><area shape="circle" coords="55,210,36" href="index.html"><area
    shape="circle" coords="56,321,36" href="flash.html"><area shape="circle"
    coords="139,383,36" href="guest.html">
14    <area shape="circle" coords="157,146,35" href="index.html">
15  </map>
16  <!-- #EndLibraryItem -->                          表明库项目结束
```

图 4-29　插入库项目的代码视图

4.3.3　相关概念及操作

1．库项目

库项目是将常用的页面元素作为整体进行保存，当页面需要重复使用这些元素时，直接进行插入即可完成元素的快速插入，可以大幅度提高制作的效率，如网站的页眉。

库项目以扩展名.lbi 的形式存储在站点文件夹 Library 中。如果站点中已经包含有 Library 文件夹，当设计者保存库项目时，会自动保存在该文件夹下；如果站点中未包含 Library 文件夹，则 DW 会自动生成，然后将库项目保存在该文件夹目录下。

2．管理库项目

（1）创建库项目。

使用库项目前必须先创建库。创建库项目的方法主要有两种。

➢　选择"新建"菜单→"文件"命令，弹出"新建文档"对话框，如图 4-30 所示。选择"空白页"，在"页面类型"中选择"库项目"。单击"确定"按钮，创建一个文件名为"untitled-1"的库文件。

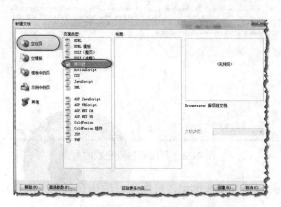

图 4-30　新建库项目对话框

➢　选择"窗口"菜单→"资源"，显示"资源"面板。"资源"面板中包含"图像"按钮、"颜色"按钮、"URLs"按钮、"SWF"按钮、"Shockwave"按钮、"影片"按钮、"脚本"按钮、"模板"按钮和"库"按钮。单击各个按钮可进入相应的面板，如图 4-31 所示。

单击"库"按钮显示"库"面板，库面板可以实现对库的所有操作，有插入库项目、添加库项目、删除库项目及编辑库项目。

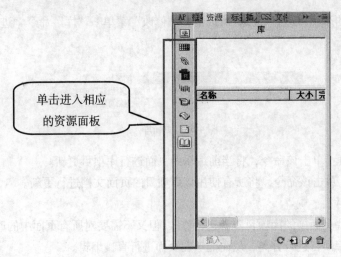

图 4-31　资源面板包含的九类资源

（2）插入库项目。

创建好库项目后，可以在 HTML 文档中使用它。单击"库"按钮显示"库"面板，将光标置于文档中需要插入库项目的位置，然后单击库面板中的" 插入 "按钮。

（3）编辑库项目。

如果需要修改页面中已插入的库项目，在页面上是无法直接修改的，需要在库项目中修改资源。选择"窗口"菜单→"资源"命令，单击"库"按钮，显示"库"面板。在"库"面板中双击需要修改的库项目，该文档在"设计"视图打开。编辑库项目的方法与网页文档编辑类似。

编辑完成后用快捷键【Ctrl+S】保存文件或者选择"文件"菜单→"保存"命令，此时将弹出一个"更新库项目"对话框，如图 4-32 所示。该对话框中显示的是插入了该库项目的所有网页文档。

➢　单击"更新"按钮，可以更新这些文件的库项目，并且弹出"更新页面"对话框。更新将自动开始，并且在对话框显示更新状态，如图 4-33 所示。

图 4-32　"更新库项目"对话框

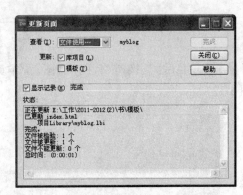

图 4-33　"更新页面"对话框

➢　单击"不更新"按钮，则 Dreamweaver 不更新使用了该库项目的页面。

（4）更新库项目。

设计者可以在保存库项目时更新所有使用页面的库项目，也可以不更新库项目。但如果之后仍需要更新页面中的库项目进行补救，可以选择"修改"菜单→"库"命令，进行页面的更新，如图 4-34 所示。

图 4-34　更新库

➢ 更新当前页：单击该命令，将当前编辑的页面进行库项目更新。
➢ 更新页面：单击该命令，将所有使用该库项目的页面文档进行更新。

（5）分离库项目。

如果需要对某些页面中的库项目资源进行修改，但又不需要对所有页面中的库项目进行更新，那么可以将页面与库项目进行分离，从而能够在页面进行直接编辑。

方法如下所示。

➢ 打开使用库项目的某页面，选择页面中的库项目，此时库项目的属性面板如图 4-35 所示。

图 4-35　"库项目"属性面板

➢ 单击"从源文件中分离"按钮，原来的库项目内容变成普通的 HMTL 标签插入，这样就可以直接编辑这些内容，从而修改库项目。单击该按钮后，弹出提示对话框，如图 4-36 所示。单击"确定"按钮，将库项目内容与源文件分离。单击"取消"按钮，取消从源文件中分离的操作。

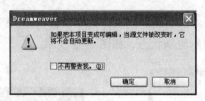

图 4-36　提示对话框

分离库项目后，切换到"代码"视图，原本黄色代码不能修改的部分已变成正常 HTML 代码，如图 4-37 所示。

```
8   <body>
9   <table width="950" border="0" cellspacing="0" cellpadding="0">
10    <tr>
11     <td width="316" height="661" rowspan="3"><img src="images/left.jpg" width="316" height="661" border="0"
    usemap="#Map" />
12       <map name="Map">
13         <area shape="circle" coords="55,210,36" href="index.html" />
14         <area shape="circle" coords="56,321,36" href="flash.html" />
15         <area shape="circle" coords="139,383,36" href="guest.html" />
16         <area shape="circle" coords="157,146,35" href="index.html" />
17       </map></td>
```

图 4-37　库项目转换成普通的 HTML 内容

特别地，当从源文件中分离后，分离后的页面与该库项目就没有关联了。库项目修改后，该页面不会自动更新，即库项目的修改不再影响该页面。

4.4　本章小结

本章学习了 Dreamweaver 中网页的高级应用——模板和库。利用模板和库项目可以完成类似的功能，即创建具有统一风格的网页。在进行网站制作时，网站中的大量页面都可能会用到相同的布局及相同的文字和图片等网页元素。为了避免重复劳动，可以使用模板和库功能，将具有相同版面结构的页面制作成模板，将相同的页面元素制作成库项目，并存储在库文件中以便随时调用。

任务 1 通过模板文件完成一系统类似网页的制作,任务 2 利用库项目也完成相同网页的制作。两个任务的操作简明地阐述了如何对模板文件和库项目进行编辑和管理，以及如何将它们应用到页面中。若能有效地利用模板和库项目，将大大缩减制作时间。

第5章

行为特效

行为可以说是 DW 中最显著的特征之一，在网页中合理地使用 DW 中的行为功能，可以使设计者不用编写一行代码便可实现网页的多种动画效果。

5.1 认识行为

DW 中内置了一组行为，它们都是标准的 JavaScript 程序，每个行为均可以完成特定的任务，如播放声音，弹出提示对话框或弹出广告窗口等。如果你所需要的功能在系统内置的行为中，那么就可以省去编写 JavaScript 脚本代码的麻烦；否则就可能需要用户自己编写 JavaScript 脚本程序，创建新的行为了。

行为是由对象、动作和事件构成的，事件是产生行为的条件，动作是行为的具体结果。

➢ 对象：是产生行为的主体。对象可以是网页中的很多元素，如网页中的一段文字、一幅图片等元素，也可以整个网页文档。

➢ 动作：通常是一段 JavaScript 代码，用于完成某些特殊的任务。如打开一个窗口自动弹出"欢迎"窗口，鼠标经过图片图片晃动等效果。

➢ 事件：是由用户或浏览器引发动作产生的事情。事件经常是针对页面元素的，也就是行为的对象，如鼠标经过、鼠标离开、鼠标单击等。

因此，创建一个行为首先要确定行为的对象，再指定一个动作，最后确定要触发该动作的事件。特别地，有时某几个动作可能被相同的事件所触发，则需要指定几个动作发生的先后顺序。

图 5-1 所示为页面中添加了一个行为，该行为是在状态栏中出现欢迎字幕。

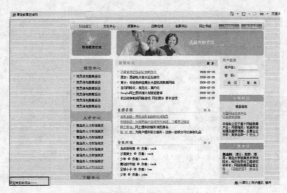

图 5-1　添加行为的页面效果

5.2　任务——使用行为

5.2.1　任务与目的

1．任务

为某页面添加一组行为，增加页面的动态效果使网页变得变活泼、生动，以更好地吸引浏览者。

2．目的

➢ 掌握行为的概念；了解 JavaScript 知识。

➢ 掌握设置行为的基本操作。

➢ 熟悉行为面板。

5.2.2　操作步骤

给页面添加一组系统的内置行为，使页面具有较强的动态效果。

1．页面载入时弹出消息对话框

当浏览者载入 index.html 页面时，将自动弹出消息对话框，在消息对话框中显示"请注意网络用语！"。设置前页面的效果如图 5-2 所示，添加行为后的效果如图 5-3 所示。

图 5-2　添加行为前页面效果

图 5-3　弹出对话框页面效果

具体操作步骤如下所示。

（1）在 DW 中打开 index.html 页面文件。选择"窗口"菜单→"行为"命令，即可打开"标签检查器"面板。选择"行为"选项卡，显示"行为"面板，如图 5-4 所示。

（2）选中行为的对象。在 index.html 中选择某页面元素作为行为的对象。由于页面的效果是在页面载入时弹出对话框，因此，行为的对象为页面。可以在标签检查器中选择<body>标签，如图 5-5 所示。

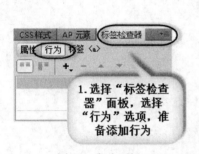

图 5-4　行为面板

图 5-5　选择<body>标签

选择行为的对象完成后，将在标签检查器中出现选中的标签，如图 5-6 所示。

（3）选择行为的动作。在面板中添加行为。单击"+"按钮，在弹出的菜单中选择内置行为，由于页面需要一个弹出对话框，因此选择"弹出信息"命令，如图 5-7 所示。

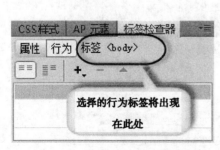

图 5-6　选择对象后的行为面板

图 5-7　添加弹出信息动作

　　选择该命令后，弹出"弹出信息"对话框，在对话框中的"消息"后面的文本框中输入"请注意网络用语！"。单击"确定"按钮，设置该行为的动作完成，如图 5-8 所示。

　　（4）选择行为的事件。在行为面板中添加事件，由于需要页面载入时弹出消息框，因此在事件下拉列表框中选择触发的事件为 onLoad 事件，如图 5-9 所示。

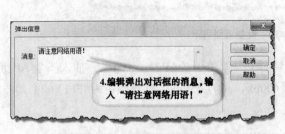

图 5-8　"弹出信息"对话框　　　　　　　图 5-9　选择"弹出信息"的事件

　　完成上述步骤后，预览 index.html 页面，载入时弹出对话框，显示在弹出对话框中所输入的信息。

　　切换到"代码"窗口，添加行为后有两处代码发生变化。

　　第一处：<body>标签的代码发生变化，代码如下所示。

```
<body onLoad="MM_popupMsg('请注意网络用语！')">
```

　　其中 onLoad 事件的值是名为 MM_popupMsg 的 Javascript 函数。

　　第二处：在<head>标签内增加 javascript 脚本代码，增加函数 MM_popupMsg 的代码，代码如下所示。

```
<script type="text/javascript">
function MM_popupMsg(msg) { //v1.0
  alert(msg);
}
</script>
```

2．页面关闭弹出问卷调查窗口

　　页面关闭时利用行为可以弹出浏览器窗口，打开其他页面（如问卷调查窗口等）。具体操作如下所示。

　　（1）制作问卷调查页面。打开 DW 新建 html 页面，保存为"调查.html"。可以利用 AP Div 在页面中设计比较简单的问卷调查页面。

　　具体操作步骤如下：

　　➤　新建一个 HTML 页面，保存为 diaocha.html。选择"修改"菜单→"页面属性"命令，弹出"页面属性"对话框。在对话框中选择"外观（CSS）"选项，设置左、右、上、下边距为 0px，如图 5-10 所示。

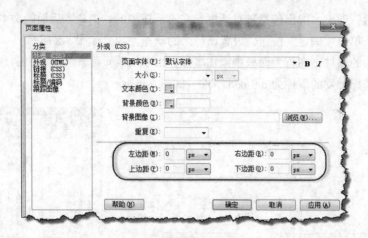

图 5-10　设置页面边距

> 页面中选择"插入"菜单→"布局对象"菜单→"AP Div"命令，插入一个 AP 元素。选中 AP 元素，在其他属性面板设置高为 400px，高为 250px，背景颜色为#FFFF00，如图 5-11 所示。

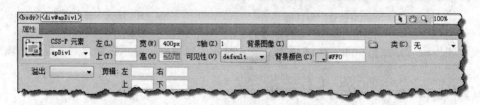

图 5-11　设置 AP 属性

> 添加表单。

将光标置于 AP 元素内，可以在"插入"面板单击"表单域"按钮，在 AP 元素内插入一个表单。

表单中输入相关文本。同时在表单中添加单选按钮，如果需要设置单选按钮默认被勾选，则选中单选按钮，属性面板设置初始状态为"已勾选"；否则设置初始状态为"未选中"，如图 5-12 所示。

图 5-12　设置单选按钮状态

表单中还需添加两个按钮，分别为"提交"与"重置"按钮，页面设计完成后如图 5-13 所示。

（2）添加行为。页面的效果是在 index.html 关闭时弹出如图 5-13 所示的问卷调查。打开 index.html，选择行为的对象。由于行为的主体为页面，因此对象的主体仍是 body，所以要选择

body 标签。行为的对象选择后，在"标签检查器"中选中"行为"选项卡，设置行为的动作和事件。

① 设置行为的动作。单击行为面板的"**+.**"按钮，在弹出的菜单中选择"打开浏览器窗口"，如图 5-14 所示，弹出"打开浏览器窗口"对话框。

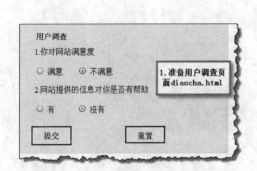

图 5-13　用户调查页面效果图

图 5-14　选择"打开浏览器窗口"命令

在"打开浏览器窗口"对话框中设置打开浏览器窗口要显示的文件。单击"浏览..."按钮，选择准备好的页面"diaocha.html"，设置浏览器窗口的大小，如图 5-15 所示，单击"确定"按钮，完成动作的添加。

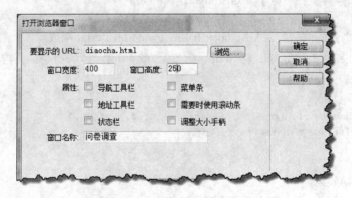

图 5-15　"打开浏览器窗口"对话框

"打开浏览器窗口"对话框的主要属性如下所示。

➢ 要显示的 URL：在新的浏览器窗口显示的文档的路径。

➢ 窗口宽度：设置新打开的浏览器窗口的宽度，以像素为单位。

➢ 窗口高度：设置新打开的浏览器窗口的高度，以像素为单位。

➢ 属性：设置新打开的浏览器窗口的一些属性。如果选中某复选框，则该窗口具有该属性。可设置的属性有：导航工具栏、菜单条、地址工具栏、需要时使用滚动条、状态栏及调整大小手柄。

> 窗口名称：设置窗口的名称。

② 设置行为的事件。选择动作触发的事件。由于页面关闭后弹出浏览器窗口，因此选择触发的事件为 onUnload 事件，如图 5-16 所示。

这样，就完成了添加"打开浏览器窗口"的行为。页面的效果是当关闭页面 index.html 时，将弹出 diaocha.html，如图 5-17 所示。此时浏览器窗口的大小为 400×250，窗口无法拖动大小。

图 5-16 选择"OnUnload"事件

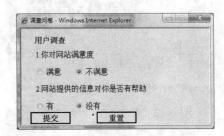

图 5-17 弹出浏览器窗口效果

切换到"代码"视图，同样，添加该行为后新增了两处代码。

第一处：<body>标签将响应事件 onUnload，代码如下所示。

```
<body onUnload="MM_openBrWindow('diaocha.html','','width=400,height=250')">
```

其中 onLoad 事件的值是名为 MM_openBrWindow 的 Javascript 函数。

第二处：在<head>头部标签出现<script>标签，在<script>与</script>标签内增加了脚本函数 MM_openBrWindow，代码如下所示。

```
<script type="text/javascript">
function MM_openBrWindow(theURL,winName,features) { //v2.0
  window.open(theURL,winName,features);
}
</script>
```

3. 图片的晃动效果

给页面的图片增加行为，可以使图像看起来更生动。如当鼠标移至 index.html 页面上的某一幅图像时，图像出现晃动的效果。这种效果是给图像添加了晃动效果的行为。具体操作如下所示。

（1）选择行为的对象。行为的主体为页面中的一幅图片，因此在标签检查器中选择需要添加晃动效果的图片，即相应的 img 标签。"标签检查器"面板中显示的标签为<img>，如图 5-18 所示。

（2）选择行为的动作。在"行为面板"中添加行为动作，选择"效果"菜单→"晃动"命令，如图 5-19 所示，弹出"晃动"对话框。

在"晃动"的对话框中选择"目标元素"为"当前选定内容",即为默认选项,单击"确定"按钮,如图 5-20 所示。

图 5-18 选择行为的对象

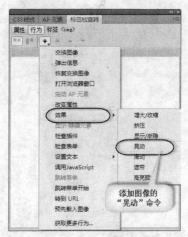

图 5-19 添加"晃动"动作

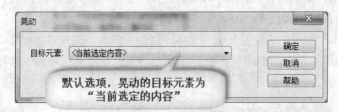

图 5-20 "晃动"对话框

> 选择行为的事件

动作添加完成后,DW 默认的事件为 onClick。而行为发生是当鼠标移至图像时,图像才出现晃动效果。因此改变事件,设置行为的触发事件为 onMouseOver。

完成上述操作后,当鼠标移至设置了晃动行为的图像时,则图像出现晃动效果。

切换到"代码"视图,图像对应的代码发生如下变化。

第一处:<img>标签内,代码如下。

```
<img src="images2/title.gif" width="774" height="101" onClick="MM_effectShake(this)">
```

该<img>标签增加了一个事件名为 onClick 的事件,值为 JavaScript 脚本的一个名为 MM_effectShake 函数。

第二处:在页面的<script></script>标签中可查找该 MM_effectShake 函数,代码如下。

```
function MM_effectShake(targetElement)
{
    Spry.Effect.DoShake(targetElement);
}
```

4.设置文本行为

在 index.html 页面中添加状态栏文字,同时设置文本域的文字,当鼠标移至用户名文本框时,显示"请输入用户名",当光标在用户名文本框闪烁时,用户可以输入用户名。效果如图 5-21 所示。

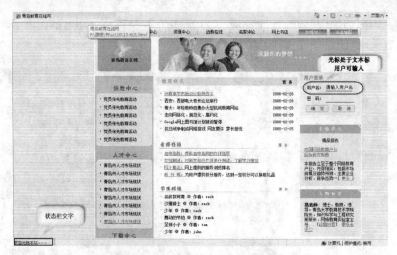

图 5-21　添加文本行为的页面效果

➤　添加状态栏文字

状态栏文字在页面载入时出现，因此行为的主体对象是 body 标签。首先在标签检查器中选择 "body" 标签，然后在行为面板中添加动作和事件。

选择 "设置文本" 菜单的 "设置状态栏文本" 命令，弹出 "设置状态栏文本"，在消息文本框输入 "欢迎光临本站"，单击 "确定" 按钮。在触发动作的事件下拉列表中选择 onLoad 事件。设置界面如图 5-22 所示。

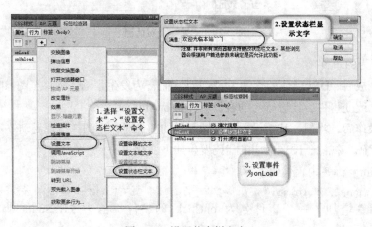

图 5-22　设置状态栏文本

切换到 "代码" 视图，设置状态栏文本将会修改两处代码。

第一处：<body>标签，为标签添加了事件 onLoad，事件值为调用一个名为 MM_display StatusMsg 的脚本函数。代码如下所示。

```
<body onLoad="MM_displayStatusMsg('欢迎光临本站~~~');return document.MM_returnValue">
```

第二处：<head>标签中的<script>与</script>的内容，增加了 MM_displayStatusMsg 的脚本函数的定义。代码如下所示。

```
<script type="text/javascript"z>
function MM_displayStatusMsg(msgStr) { //v1.0
  window.status=msgStr;
  document.MM_returnValue = true;
```

```
  }
</script>
```

➤ 文本域文字的行为

页面中的用户登录需要输入用户名和密码,因此在页面中会插入给用户输入的文本域。常常可以设计这样的效果:当鼠标移到文本域时,文本域中显示"请输入用户名",当文本域获得焦点时,之前的文字消失,用户则可以输入用户名信息。这种效果是添加了文本域文字的行为。

选择相应的文本域作为行为的对象,如用户名文本域。特别地,该行为要求文本域一定有 ID。因此,如果文本域没有 ID,需先设定文本域 ID。方法是选择文本域,在"属性面板"中设置 ID 为 username,如图 5-23 所示。

图 5-23 设置文本域的 ID

接下来,在"行为面板"中添加行为。此处需要添加两个行为,一个是鼠标经过的时候触发的行为,一个是光标处于文本域时触发的行为。

鼠标经过时,文本域显示"请输入用户名"。具体操作是:单击"行为面板"的添加行为按钮,选择"设置文本"菜单的"设置文本域文字",弹出"设置文本域文字"对话框,在文本域中选择 ID 为 username 的文本域,在新建文本中输入"请输入用户名",如图 5-24 所示。

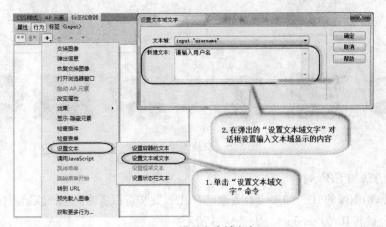

图 5-24 设置文本域文字

单击"确定"按钮,修改触发动作发生的事件,在事件列表中选择"onMouseOver",完成该行为的创建。

光标位于文本域时,显示的"请输入用户名"消失,设置方法与鼠标经过时的行为类似,只需做两个修改。

修改一:选择"设置文本"→"设置文本域文字"后弹出的"设置文本域文字"对话框中,"新建文本"不需要内容,即为默认空白。

修改二:触发的事件不是"onMouseOver",而是"onFocus"事件。

完成以上步骤后，页面的状态栏出现欢迎字样，文本域出现文字提示，整个页面更具个性化。

切换到"代码"视图，产生的代码也有两处，第一处是<input>标签，第二处则位于<script>标签中。

第一处：<input>标签产生一个 onFocus 事件，事件要调用函数名为 MM_setTextOfTextfield 脚本函数。代码如下所示。

```
<input name="username" type="text"  id="username" onFocus="MM_setTextOfTextfield
('username','','请输入用户名')" size="10">
```

第二处：在<script>与</script>标签中定义脚本函数 MM_setTextOfTextfield，代码如下所示。

```
<script type="text/javascript">
function MM_setTextOfTextfield(objId,x,newText) { //v9.0
  with (document){ if (getElementById){
    var obj = getElementById(objId);} if (obj) obj.value = newText;
  }
}
</script>
```

5．制作交换图像

"交换图像"这一动作的特效是恢复交换的图像。当鼠标经过图像时，原图像会变成另外一幅图像，否则恢复原图像。其实，一个交换图像是由两幅图像组成的，包括原始图像和鼠标经过时所显示的交换图像。

这类特效广泛应用在产品展示等方面（如淘宝等网站），能使用户更好地从页面上了解相关信息，如图 5-25 所示。

图 5-25　交换图像页面效果

具体操作方法如下所示。

➤　设置原始图像的 ID，如果原始图像已有 ID，此步可以省略。选择原始图像，在"属性面板"的 ID 中设置其 ID 为 product，如图 5-26 所示。

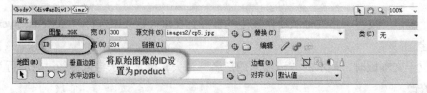

图 5-26　设置图像 ID

➤　选择行为的对象

将鼠标移至 ID 为 Image1 的图像上时，需要与 ID 为 product 的图像进行交换，因此行为的对象是 ID 为 Image1 的图像，如图 5-27 所示。

图 5-27　行为的对象选择

选中 Image1 图像，添加行为。此时行为面板中显示的标签为<img>。

➤ 选择行为的动作

打开"行为面板"，在面板中单击"➕"按钮，在弹出的下拉菜单中选择"交换图像"命令，如图 5-28 所示。弹出 "交换图像"对话框，在"图像"中选择原始图像"product"，在"设定原始档"中浏览选择需要交换的图像所在的路径。单击"确定"按钮，完成动作的添加，如图 5-29 所示。

➤ 选择行为的事件

完成上面的步骤，行为面板会自动出现两个行为。一个是鼠标经过图像时交换图像，该行为是设计者添加的；一个是鼠标离开时恢复交换图像，该行为是自动生成的。如图 5-30 所示。如果需要更换触发事件，可对触发事件进行修改。

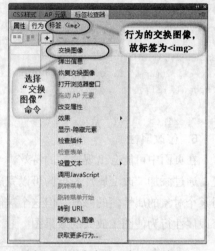

图 5-28　选择行为对象<img>标签

图 5-29　"交换图像"对话框

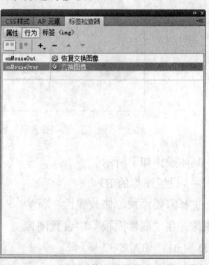

图 5-30　"交换图像"和"恢复交换图像"

给其他图像添加交换图像行为与上述步骤类似，完成交换图像页面的制作。

切换到"代码"视图，两处代码分别如下所示。

（1）<img>标签内增加两个事件，一个是 onmouseover 事件，该事件需要调用函数 MM_swapImage；另一个是 onmouseout 事件，该事件则调用了函数 MM_swapImgRestore。代码如下所示。

```
<img src="images2/cp2.jpg" alt="" name="Image1" width="256" height="226" hspace="10"
vspace="10"  id="Image1"  onmouseover="MM_swapImage('product','','images2/cp2.jpg',1)"
onmouseout="MM_swapImgRestore()" />
```

（2）<script>与</script>标签内添加了 MM_swapImgRestore 函数与 MM_swapImage 的定义，具体代码如下所示。

```
<script type="text/javascript">
function MM_swapImgRestore() { //v3.0
  var  i,x,a=document.MM_sr;  for(i=0;a&&i<a.length&&(x=a[i])&&x.oSrc;i++)  x.src=x.
oSrc;
  }
function MM_swapImage() { //v3.0
   var  i,j=0,x,a=MM_swapImage.arguments;  document.MM_sr=new  Array;  for(i=0;i<(a.
length-2);i+=3)
    if ((x=MM_findObj(a[i]))!=null){document.MM_sr[j++]=x; if(!x.oSrc) x.oSrc=x.src;
x.src=a[i+2];}
  }
</script>
```

6. 修改属性

在页面中可能会出现这样的特效，当鼠标经过时页面元素被放大，当鼠标离开时页面元素恢复。通过添加"改变属性"行为可以完成这样的特效。这种行为比较灵活，可以通过事件来触发对某个对象的属性值的修改，但这个被修改属性的对象一定要设置 ID。图 5-31 所示为通过添加修改属性行为使图像放大的效果图。

图 5-31　添加修改属性行为的页面效果

具体操作如下所示。

➤ 设置图像的 ID

选择需要添加"修改属性"行为的图像，在"属性面板"中设置图像的 ID 为 p1，如图 5-32 所示。

➤ 添加"改变属性"行为

图 5-32　设置添加行为图像的 ID

选择要添加行为的图像，在"行为面板"中单击"<kbd>＋</kbd>"按钮添加行为。在弹出的下拉菜单中选择"改变属性"命令，如图 5-33 所示。

弹出"改变属性"对话框。改变属性的对象是图像，因此在"元素类型"中选择"IMG"，在"元素 ID"中选择 ID 为 p1 的图像。

在"属性"中可以对属性进行修改，其中"选择"下拉列表中仅提供有限的属性进行修改。如果在"选择"下拉列表中找不到需要修改的属性名，则可以选择"输入"单选按钮。在"输入"后面的文本框中填入属性名 width，在"新的值"中输入 500，如图 5-34 所示。

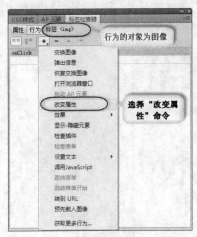

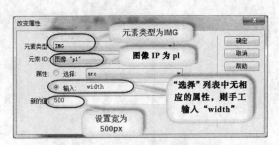

图 5-33　添加"改变属性"行为　　　　　图 5-34　图像宽度的属性值修改

同样的方法，可对图像的高（height）进行"改变属性"行为的添加。在"改变属性"对话框，选择"输入"单选按钮，"输入"后面的文本框中输入 height 属性名，"新的值"为 300，如图 5-35 所示。

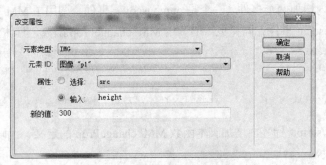

图 5-35　图像高度属性值的修改

➢　修改行为的触发事件

此时，在"行为面板"中已经添加了 2 个"改变属性"行为，但是它们的触发事件都为"onClick"。修改事件为"onMouseOver"。

预览网页，当鼠标经过图像时，图像就会发生变化。但离开图像时，图像并没有恢复原貌。解决方法为：

首先给图像再增加 2 个行为，行为的目的是鼠标离开时，图像恢复初始大小。设置 width 的值为 150，height 的值为 100，操作与前面改变属性的步骤相同，如图 5-36 所示。

图 5-36　恢复图像属性

行为添加完后，将事件改为"onMouseOut"事件，即当鼠标离开时，图像的属性恢复为原始大小，如图 5-37 所示。

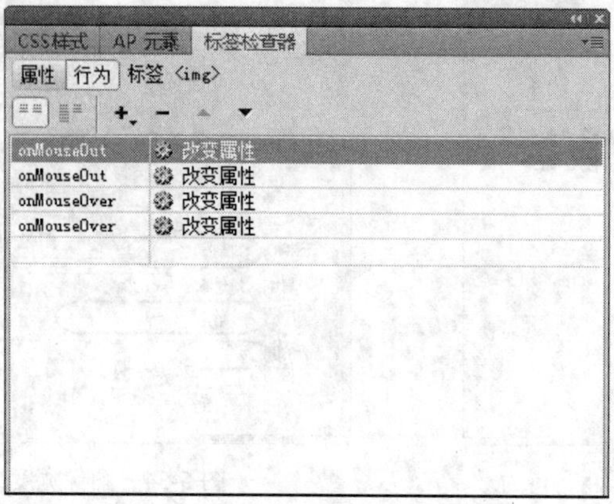

图 5-37　改变属性行为

预览后，达到页面所需效果。

切换到"代码"视图，该操作也产生两处代码。

（1）<img>标签内增加两个事件，一个是 onmouseover 事件，调用了 MM_changeProp 脚本函数；另一个是 onmouseout 事件，同样也需要调用 MM_changeProp 函数，具体代码如下所示。

```
<img src="images2/cp1.jpg" name="p1" width="150" height="100" vspace="40" id="p1"
onmouseover="MM_changeProp('p1','','height','300','IMG');MM_changeProp('p1','','width'
,'500','IMG')"
onmouseout="MM_changeProp('p1','','width','150','IMG');MM_changeProp('p1','','height',
'100','IMG')" />
```

（2）<script>与</script>标签内增加脚本函数 MM_changeProp 的定义，代码如下所示。

```
<script type="text/javascript">
function MM_changeProp(objId,x,theProp,theValue) { //v9.0
 var obj = null; with (document){ if (getElementById)
 obj = getElementById(objId); }
 if (obj){
  if (theValue == true || theValue == false)
   eval("obj.style."+theProp+"="+theValue);
  else eval("obj.style."+theProp+"='"+theValue+"'");
 }
}
</script>
```

5.2.3 相关概念及操作

1. 行为面板

DW 允许用户通过内置的"标签检查器"面板管理其所提供的多种内置行为。如果"标签检

查器"面板已关闭，可以在"窗口"菜单中选择"行为"
命令，将其打开。单击"行为"选项卡，显示行为面板，
还可以按【Shift+F4】组合键打开行为面板。在面板中可
查看当前标签中已添加的行为，并可对行为进行管理，如
图 5-38 所示。

行为面板包括以下按钮。

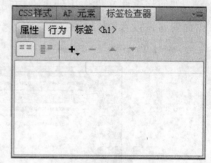

图 5-38 标签检查器

➤ 显示设置事件（■）：单击按钮显示当前标签已经
添加的事件。

➤ 显示所有事件（■）：单击按钮以列表的形式显
示所有可能出现在页面的事件，但事件不一定已经添加到页面。

➤ 添加行为（ +. ）：单击该按钮弹出一个行为菜单，在菜单中选择相应的命令添加相应的
行为。

➤ 删除行为（ – ）：单击该按钮将当前选中的行为从行为列表中删除。

➤ 增加事件值（ ▲ ）：单击该按钮可以向上移动所选动作，改变执行的顺序。

➤ 降低事件值（ ▼ }：单击该按钮可以向下移动所选动作，改变执行的顺序。

因此，通过行为面板可以给网页中的元素添加行为、管理行为，也可以选择动作。右键单击弹
出图 5-39 所示的菜单，对选中行为进行管理，如编辑、删除等。事件的下拉菜单中包含多个事件，
如果添加行为后默认选择的事件不满足需要，可以从下拉列表中选择进行修改，如图 5-40 所示。

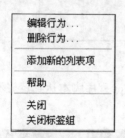

图 5-39 单击鼠标右键后弹出菜单

图 5-40 事件下拉菜单

2. JavaScript

JavaScript 是一种脚本语言，在网页中添加一段 JavaScript，可以增加网页的互动性。因此常
常在网页文件（如 html 文件）中嵌入 JavaScript，使网页增加互动性。它不依赖于 Web 服务器，
而是由客户端浏览器解释执行，因此 JavaScript 能及时响应用户的操作。

Dreamweaver CS5 自带了一些动作的 JavaScript 脚本，用户可以直接调用。在添加内置行为时，
动作是由预先编辑好的 JavaScript 脚本实现的；如果不是内置行为，则需要设计者编写新的
JavaScript 程序脚本，提供给页面中元素调用。

在行为面板中添加内置行为后，选中相应的行为对象，切换到"代码"视图可以看到相应的 JavaScript 程序脚本。添加行为后，代码一般在两处发生变化，一处是行为对象的标签内部，一处是在<script>标签内。

JavaScript 脚本代码既可以直接插入在<script>标签内，也可以用文件的形式存储，这样的文件扩展名为.js。

如何将这些文件作用到页面中呢？如图 5-41 所示，index.html 中应用了两个.js 文件，应用到页面要通过设置<script>标签的 src 属性，属性值则为相应的.js 文件路径，代码如下：

```
<script type="text/javascript" src="jquery.min.js"></script>
```

图 5-41 应用.js 文件的页面

当页面链接.js 文件时，可以在 DW 中快速地查看相应的.js 文件代码，如图 5-41 所示，也可以直接用记事本等工具打开。

特别地，由于 JavaScript 是基于对象的语言，所以添加行为的对象一定要具有 ID；如果没有设置对象的 ID，则不能正常添加行为，将弹出出错对话框，如图 5-42 所示。

图 5-42 出错对话框

因此，如果设计者有足够的创意，可以利用 JavaScript 程序脚本达到意想不到的效果。图 5-43 所示的效果即是利用 JavaScript 脚本完成的。

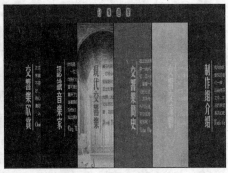

图 5-43 常见 JavaScript 效果

3．常见的内置行为

在 DW 中已经预设了一组内置行为。行为是由事件和动作构成的，动作是指完成某种特殊任务，事件则是触发动作发生的原因。

表 5-1 所示为 Dreamweaver 常见的动作，也可以从 Adobe 主页上获取更多的动作。

表 5-1　　　　　　　　　　　　　　　常见的动作

动 作 名 称	动 作 任 务
交换图像	允许其他图像取代选定的图片
弹出信息	弹出一个对话框显示消息
恢复交换图像	在运用交换图像素动作之后，允许恢复显示原始图片
打开浏览器窗口	允许打开新的浏览器窗口，显示其他网页内容
拖动 AP 元素	允许在浏览器中自由拖动 AP 元素
改变属性	允许修改选定的页面元素的属性
效果	给网页中的某些元素添加特殊的动画效果，如增大、收缩等效果
显示/隐藏元素	允许页面元素被隐藏/显示
检查插件	确认是否设有运行见面的插件
检查表单	检查表单文档在有效性的时候使用
设置文本	允许设置文本信息的行为，如容器文本、状态栏文本等
调用 JavaScript	允许调用 JavaScript 特定函数
跳转菜单	允许建立具有一组链接的跳转菜单
跳转菜单开始	设置或改变一个带跳转按钮的下拉菜单的索引
转到 URL	转到相应的站点或者页面
预先载入图像	允许事先下载图片，然后显示出来，快速在浏览器中显示图片

表 5-2 所示为 Dreamweaver 常见的事件，特别地，不同版本的浏览器支持的行为以及行为触发的事件可能会不同。浏览器版本越高，可以使用的功能就越多，但是兼容性也越差。因此，在设计网页行为时，既要考虑行为实现的可行性，也要考虑不同浏览者之间可能存在的上网条件差异。

表 5-2　　　　　　　　　　　　　　　常见的事件

事 件 名 称	事件发生的条件	行 为 对 象
onAbort	在浏览器中停止载入操作时发生的事件	图像、页面等
onBlur	表示从当前对象移开焦点时触发的事件	按钮、链接、文本框等
onClick	表示鼠标单击选定对象时触发的事件	所有元素
onLoad	表示页面被载入时触发的事件	页面等
onMouseDown	表示单击鼠标左键时触发的事件	图像、链接、文字等
onMouseMove	表示鼠标指针在对象区域内移动时触发的事件	图像、链接、文字等
onMouseOut	表示鼠标指针离开对象区域时触发的事件	图像、链接、文字等
onMouseOver	表示鼠标指针移至对象区域时触发的事件	图像、链接、文字等
onMouseUp	表示放开按下的鼠标左键时触发的事件	图像、链接、文字等
onError	表示加载页面过程中出现错误时发生的事件	页面等

续表

事 件 名 称	事件发生的条件	行 为 对 象
onFocus	表示当前对象获得焦点时触发的事件	按钮、文本框等
onResize	表示浏览者改变浏览器窗口或框架的大小时触发的事件	窗口、框架等
onUnLoad	表示浏览者离开页面时触发的事件	页面等
onDblClick	表示鼠标双击选定对象时触发的事件	所有元素
onKeyDown	表示键盘任意键处于按下状态时触发的事件	图像、文本框等
onKeyUp	表示键盘任意键被按下且释放时触发的事件	图像、文本框等
onKeyPress	表示键盘任意键被释放时触发的事件	图像、文本框等
onScroll	表示浏览者拖动浏览器窗口滚动条时触发的事件	窗口，多行文本框等
onSubmit	表示浏览者提交表单时触发的事件	表单等
onSelect	表示在文字段落或选择框等选定内容时触发的事件	文本、选择框等
onAfterUpdate	表示选定对象更新之后触发的事件	图像、页面等
onBeforeUpdate	表示选定对象更新之前触发的事件	图像、页面等
onReset	表示表单重新设定为初始值时触发的事件	表单等

当选定了某个动作命令后，它将出现在行为面板中，同时在面板中可以选择当前对象支持的所有可能触发动作的事件。但如果所需要的事件没有出现，则很可能是因为没有选中正确的对象而造成错误。

5.3 本章小结

本章主要介绍 Dreamweaver 提供的一种称为"行为"（Behavior）的机制，这些行为通过 JavaScript 脚本来实现网页中的一些特殊的效果，如弹出信息框、播放音乐、禁止鼠标右键单击及自动跳转等，而且能够实现用户与页面的简单交互。

任务的目的主要是通过行为面板来设置多种 Dreamweaver CS5 内置的行为，可以不用编写 Javascript 代码即可实现多种动态网页效果，从而掌握行为面板的操作，理解行为的三要素（对象、动作和事件）并了解由添加行为产生的 JaveScript 脚本代码。

Javascript 在网页中无处不在，它可以自由地被嵌入到 HTML 文件中，带给 Web 更丰富的视觉效果和意想不到的特效，本章也为日后深入学习及编写 Javascript 脚本奠定了一定的基础。

第6章

网站管理

本章内容介绍的前提是，通过前面的知识读者已经利用 DW 准备好一个网站。本章的主要目的是掌握管理网站的技巧，掌握网站的组织及发布。

6.1 网站的组织

网站由许多网页文档组织形成，因此如何管理网站中的文档显得非常重要。特别地，当网站的网页数量增加到一定程度以后，网站的管理与维护将变得非常烦琐。那么，如何更有效地管理整个网站呢？

开发网站的首要步骤是利用 DW 建立站点，然后在站点中建立网站文件等，从而组织网站的所有文件。但如果所有的文件都保存在站点根目录下，就会给网站带来灾难性的后果，因此站点需要一个合理的结构。好的站点结构可以使网站设计者对网站进行有效地管理。通常设计者将不同的文件保存在不同的文件夹中。设计者可以根据文件的类型组织站点的结构，也可以根据网站的主题组织结构。因此，站点结构不是固定的，设计者可以根据实际情况建立自己的站点结构。

总之，网站的管理可以遵守以下几个技巧。

➢ 设计网站的页面文件之前，先建立站点，在站点中建立合适的目录结构。

➢ 网站的首页文件常常命名为"index.html"，它存放在站点的根目录下。

➢ 网站的文档最好存放在站点的相应文件夹中，切勿将所有文件都放在站点根目录下。

➢ 文件夹与文件的命名最好能做到看其名知其意，以更好地对文件或文件名定位。如图像文件夹通常取名为 images。

➢ 如果需要对站点的某些文件进行删除、重命名等操作，则这些操作应该在 DW 的站点中完成，DW 会自动更新与该文件相关的链接，防止链接出现错误。

➢ 利用 DW 提供的"链接检查器"来管理站点内的链接，从而实施有效的管理。单击"窗口"菜单→"结果"子菜单打开"链接检查器"，如图 6-1 所示。

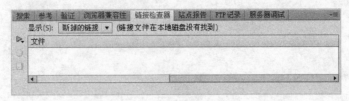

图 6-1　链接检查器面板

➢ 利用 DW 提供的文本查找和替换功能，有效地管理站点和页面。

网站制作完成后，最终目的是要让浏览者可以访问到，但是如何才能让全球的访问者都能访问呢？因此，需要将制作完成的网站接入 Internet。

6.2　任务 1——在 Internet 上建立 Web 站点

6.2.1　任务与目的

了解 Web 服务器，掌握 web 服务器的建立与配置，学会在服务器中建立站点；掌握虚拟目录创建的方法。

6.2.2　操作步骤

1. 安装 IIS 服务器

（1）打开"控制面板"，双击"添加或删除程序"图标，弹出"添加或删除程序"对话框，如图 6-2 所示。

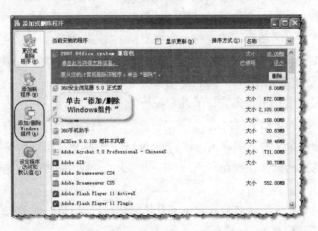

图 6-2　添加或删除程序对话框

（2）在对话框的左侧选项中选择"添加/删除 Windows 组件"，弹出"Windows 组件向导"对话框，如图 6-3 所示。选中"Internet 信息服务（IIS）"复选框。

（3）单击对话框中的"详细信息"按钮，将弹出"Internet 信息服务（IIS）"对话框，在对话框中，保证"万维网服务"复选框被选中，如图 6-4 所示。

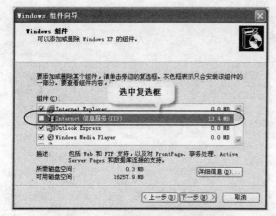

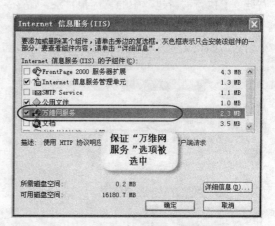

图 6-3　Windows 组件向导对话框　　　　　　图 6-4　Internet 信息服务对话框

（4）单击"确定"按钮返回到"Windows 组件向导"对话框，根据向导提示完成 IIS 组件的安装。在安装 IIS 之前需要准备好 Windows 安装盘或者 IIS 安装包，安装的过程中需要从中提取文件。

（5）安装完服务器后，可以管理 Web 服务器。从"控制面板"中打开"管理工具"，找到"Internet 信息服务"，单击打开该服务的管理窗口，如图 6-5 所示。在窗口的工具栏中可以启动、停止和暂停 Web 服务器。窗口的左侧是计算机发布的 Web 站点，当前只有默认站点；窗口的右侧是被选中站点的虚拟目录和文件列表等。

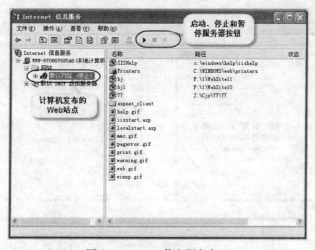

图 6-5　Internet 信息服务窗口

IIS 一般只包含一个默认 Web 站点，在 Windows Xp 中，站点根目录文件夹是"系统盘:\Inetpub\wwwroot"。特别地，不同操作系统的站点根目录文件夹不同。

2．创建虚拟目录

当某个站点的路径不在 IIS 对应的站点文件夹中时，可以通过创建虚拟目录的方法与服务器提供的默认网站联系起来。

（1）假如某个站点的路径为 F:\Mysite。打开"Internet 信息服务"对话框，选择"默认网站"，右键单击执行"新建"中的"虚拟目录"命令，如图 6-6 所示。

（2）弹出"虚拟目录创建向导"，单击"下一步"按钮，在弹出的对话框中为虚拟目录指定一个别名，如在文本框中输入"Mysite"，如图 6-7 所示。

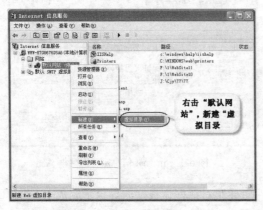

图 6-6　新建虚拟目录

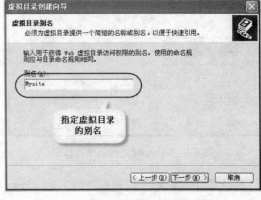

图 6-7　虚拟目录别名

（3）单击"下一步"按钮，在弹出的对话框中指定虚拟目录所对应的实际目录路径。单击"浏览"按钮在"浏览文件夹"中选择"F:\Mysite"文件夹，如图 6-8 所示。

（4）单击"下一步"按钮，在弹出的对话框中设置虚拟目录的访问权限，默认选中"读取"和"运行脚本"复选框。根据需要进行选择，常常会选中"浏览"和"执行"复选框。"写入"复选框出于安全考虑，最好不选。如图 6-9 所示。

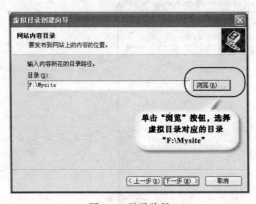

图 6-8　目录路径

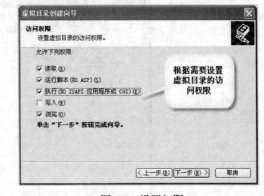

图 6-9　设置权限

（5）单击"下一步"按钮，出现"已成功创建虚拟目录"对话框，单击"确定"按钮完成虚拟目录的创建。

（6）目录创建完成后，在默认网站下会出现名称为 Mysite 的虚拟目录。虚拟目录与文件夹的图标是不同的，它的图标是 。它不是网站文件夹中一个实际的目录，但它是一个独立的 Web 站点，如图 6-10 所示。

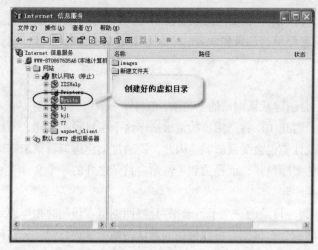

图 6-10　创建好的虚拟目录

3．配置网站

打开"Internet 信息服务"窗口，可以对默认网站设置网站的属性。选择默认网站，右键单击选择"属性"命令，如图 6-11 所示。

弹出"默认网站属性"对话框，在对话框中可以通过不同的选项卡对网站进行设置，如设置网站 IP、设置网站主目录、设置网站的默认文档等，操作界面如图 6-12 所示。

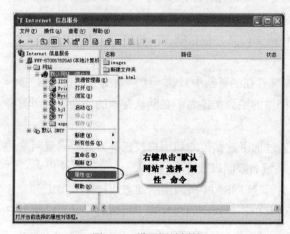

图 6-11　设置网站属性

图 6-12　默认网站属性对话框

经过上面的步骤，Web 服务器及默认网站搭建完成，可在浏览器中测试。在地址栏中输入 http://web 服务器的 IP 地址，则可以访问服务器的默认网站。但如果是访问默认网站下的虚拟目录，则需要在地址栏中输入 http://web 服务器的 IP 地址/虚拟目录名。

6.2.3　相关概念及操作

1．IIS（Internet Information Server）

IIS 中文名称是互联网信息服务，它是绑定在 Windows 操作系统的一种 Web 服务器软件。它包括 WWW 服务器、FTP 服务器和 SMTP 服务器，是架设个人网站的首选。因此通过 IIS，设计者可以轻松发布网页。特别地，页面包括动态技术时，它还有一些扩展功能。

IIS 安装方便、配置简单；如果初学者的个人电脑是 Windows 平台，建议使用 IIS 搭建 Web 服务器。

2．虚拟目录

IIS 搭建服务器后会创建默认网站的主目录，该目录一般都会保存在系统盘中。网站的所有文件都保存在主目录中，因此 IIS 将把用户的请求指向这个主目录。这样，不仅网站的安全会受到影响，而且服务器系统性能也会受到影响。因此，要通过创建虚拟目录来解决这个问题。虚拟目录不是网站主目录下的实际目录，而是关联了网站主目录之外的一个文件夹，它通过一个虚拟目录名与默认网站联系在一起。

IIS 将虚拟目录作为主目录的一个子目录来对待；而浏览者访问时根本感觉不到虚拟目录与站点中其他任何目录之间有什么区别，可以像访问默认网站中其他目录一样访问虚拟目录。如果网站的地址是 http://202.34.16.20，那么虚拟目录 Mysite 的地址则为 http://202.34.16.20/Mysite。

虚拟目录可以保存在本地服务器，也可以保存在远程服务器。多数情况下虚拟目录都保存在远程服务器上。

3．网站属性对话框

在网站属性对话框中可以对网站进行属性的配置。在对话框中有网站、主目录、文档、目录安全性及 HTTP 头等选项卡，其中主要的属性如下所示。

➢ 网站：主要设置网站的描述、IP 及端口等。如果网站有静态 IP，可在 IP 地址处填入相应的内容，否则可用默认值。

➢ 主目录：主要是修改保存网站相关文件的文件夹。包括资源的位置、访问权限设置以及应用程序设置等。

➢ 文档：设置网站的默认文档。表示当浏览者在浏览器中只输入了网站的 IP 或域名时显示出来的页面内容。默认文档可以是多个，如果网站的主页文件名不在默认文档的列表中，则需要添加该文件为默认文档。

➢ 目录安全性：当网站的信息敏感时，通过加密数据传输和用户授权等方式来设置网站的安全性。包括：身份验证和访问控制，IP 地址和域名限制以及安全通信。

➢ ISAPI：设置 Internet 服务器应用程序编辑接口 ISAPI 所调用的动态连接库（DDL）。

➢ 自定义错误：如果用户连接站点时出现 HTTP 错误，通过选项卡可以自定义发送给客户的 HTTP 错误信息。

6.3 任务 2——空间和域名的申请

任务 1 介绍了 IIS 搭建服务器技术。因此用户可以自备硬件，用户拥有对服务器完全的控制权根。但如果用户不具有这种软硬件技术，那么则需要租用虚拟主机，也就是所说的申请空间。

6.3.1 任务与目的

租用空间的服务商很多，操作非常简单。本任务要求在 http://www.3v.cm 网站上申请免费空间，获取空间的域名。

6.3.2　操作步骤

在 Internet 上搜索免费空间申请网站，如 http://www.3v.cm，网站提供免费空间和收费空间申请，如图 6-13 所示。这类网站首先需要注册为合法用户，然后才能申请空间。单击"免费空间"，可以看到详细的免费空间介绍，包括空间的大小、空间支持的类型等。

图 6-13　申请免费空间的网站

从图 6-13 可以看到，免费空间支持的文件可能有限，不同的服务商也可能会提供不同的功能。如果免费空间不能支持网站的需要，则需要申请收费空间。

单击"立即申请"，网站会要求会员注册。填写注册信息，完成后显示注册信息，包括用户名、主页地址和 FTP 服务器地址。如图 6-14 所示。

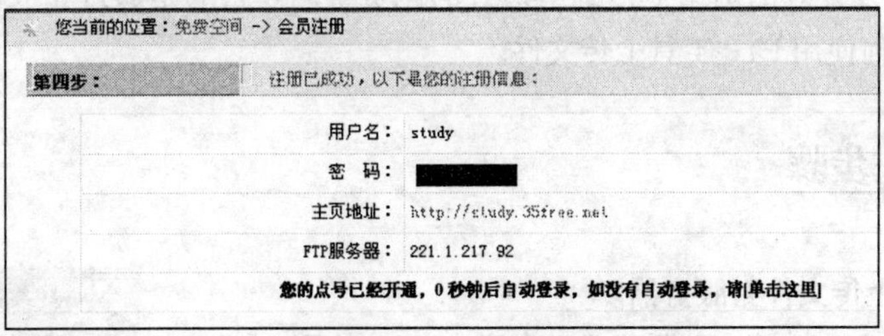

图 6-14　会员注册信息

其中用户名、密码也是登录 FTP 服务器的用户名和密码，主页地址 http://study.35free.net 是网站的域名。FTP 服务器地址 221.1.217.92 可以方便用户将网站通过 FTP 方式上传到服务器空间。这两个信息是非常重要的，在后面的章节中将用到。

之后页面自动跳转到虚拟主机的控制面板。控制面板左侧是提供给用户的服务，如免费空间的文件管理、域名绑定、FTP 管理等，用户可以很方便地利用服务对申请的空间进行有效地管理。

那么，接下来的任务是将在 DW 中设计好的站点文件存放在申请的免费空间里。

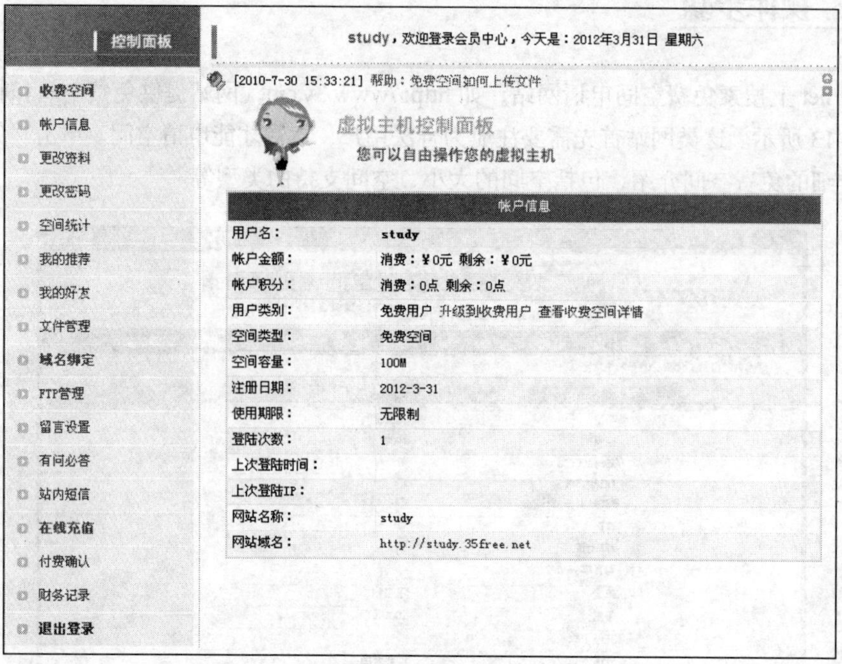

图 6-15　虚拟主机控制面板

6.4　任务 3——发布站点

任务 2 介绍了如何申请 Internet 上提供的免费空间，使用户可以充分利用已经搭建好的 Web 服务器，省去购买机器、租用专线等费用，也不必为管理服务器的技术担心。

6.4.1　任务与目的

本任务要求将设计好的网站上传到申请好的免费空间。目的是通过完成任务掌握如何使用 DW 上传文件及如何使用 FTP 工具上传文件。

6.4.2　操作步骤

1. 使用 DW 上传文件到服务器

在 DW 菜单栏上选择"站点"菜单，在弹出的"管理站点"对话框中，选择将要上传的站点，单击"编辑"按钮，如图 6-16 所示。

弹出"站点设置对象"对话框，在对话框的左侧选择"服务器"选项，该选项将设置站点的服务器信息。单击右侧"➕"按钮，弹出如图 6-17 所示的界面。该界面有"基本"设置和"高级"设置。

图 6-16　管理站点对话框

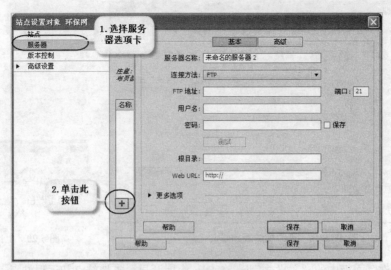

图 6-17　站点服务器参数设置

在"基本"中的设置如下所示。

➢ 服务器名称：指定新服务器的名称，如给服务器取名为"study"。

➢ 连接方式：选择 FTP。

➢ FTP 地址：填入上步申请的免费空间的 FTP 地址，如任务 2 中获得的 FTP 服务器地址 221.1.217.92。

➢ 用户名：填入已申请免费空间的对应用户名，如上个任务中用户名为 study，请根据实际情况填写。

➢ 密码：填入上步申请免费空间的对应密码。

如果需要更好地设置连接 FTP 服务器，可以展开显示更多的选项。单击"更多选项"，弹出隐藏信息，如选择"使用被动式 FTP"，如图 6-18 所示。

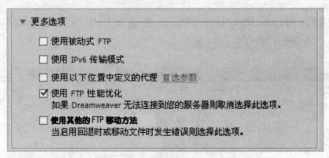

图 6-18　"更多选项"界面

单击"保存"按钮返回"站点设置对象"，服务器列表中可以看到刚才已经设置好的服务器，如图 6-19 所示。单击"保存"按钮，完成远程服务器的设置。

接下来就可以利用 DW 来上传站点了。单击"文件"面板中的"　"按钮，上传站点，如图 6-20 所示。

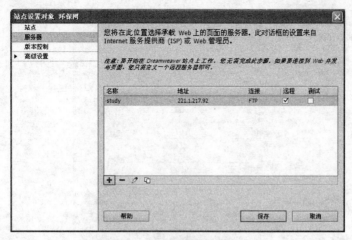

图 6-19　已添加的服务器

图 6-20　上传站点

单击"文件"面板中的"　"按钮，在 DW 中展开显示本地站点和远程站点，如图 6-21 所示，左侧为远程服务器站点的结构，右侧窗口为本地站点的结构。

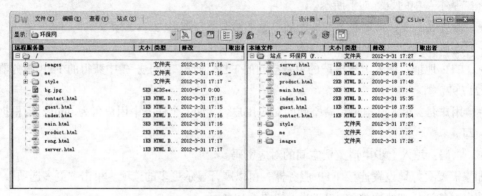

图 6-21　本地站点和远程站点

站点上传完成后，可以在浏览器中浏览。在地址栏中输入任务 2 中获取的网站域名 http://study.35free.net，网站主页如图 6-22 所示。

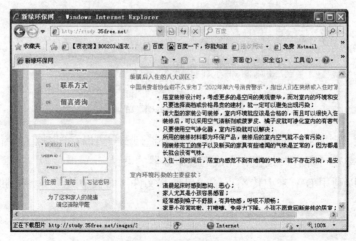

图 6-22　浏览网站

2．使用 FTP 工具上传到服务器

除了用 DW 上传站点文件外，也可以使用专门的 FTP 工具进行上传或下载。用户可以利用此类工具连接到 FTP 服务器上进行上传、下载、查看、编辑、删除及移动文件等多项操作。FTP 工具不会因闲置过久而被服务端踢出，而且操作简单，是网站建设流程中不可缺少的工具。

FTP 工具比较多，如 CuteFTP、LeapFTP、FlashFXP 等。利用 FlashFXP 工具上传站点的具体操作如下所示。

（1）运行 FlashFXP，左窗格是本地文件夹视图，右窗格是远程服务器文件夹视图。在本地文件夹视图下拉列表中选择站点所保存的目录或者双击"上层目录"来选择站点文件夹。单击窗口中的" <img> "按钮，建立快速连接，界面如图 6-23 所示。

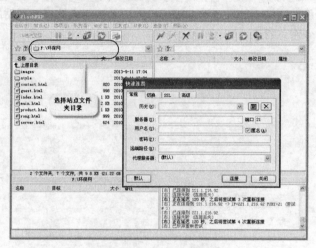

图 6-23　FlashFXP 设置界面

（2）在弹出的"快速连接"对话框设置下面几个参数。

① 服务器：设置任务 2 中网站的 FTP 服务器地址 221.1.217.92。

② 用户名：设置任务 2 中申请的免费空间的用户名 study。

③ 密码：设置任务 2 中申请的免费空间的密码。

单击"连接"按钮，如果网络正常，将连接到 FTP 服务器。连接到服务器后，可以将在左窗格中站点文件直接拖动到右窗格远程服务器站点。如图 6-24 所示。

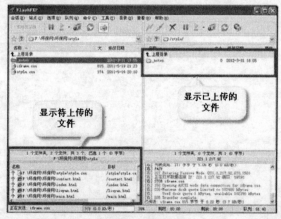

图 6-24　上传界面

这样，就利用 FTP 工具快速、有效地完成了上传站点的任务。

6.5　本章小结

本章阐述了网站开发的最后一个环节——网站的发布与管理。任务 1 介绍了如何利用 IIS 创建 Web 站点，任务 2 介绍了如何在网络申请域名和租用空间。特别地，不同的提供商可能会提供不同的服务或不同的操作。任务 3 介绍了利用 Dreamweaver CS5 和 FTP 工具把制作好的网站发布到 Internet 上的相关方法。

即使一个网站制作的非常精美，如果没有很好地进行管理，网站也将可能逐渐失去其光彩。同样地，如果光彩夺目的网站不能发布到 Internet 上，无法与人共享，网站的意义也将不存在。因此，网站的管理与发布具有非常重要的地位。

参 考 文 献

[1] 高林，景秀. 网页制作案例教程（第 2 版）[M]. 北京：人民邮电出版社，2009.

[2] 严伟，袁永波等. Dreamweaver CS3 中文版网页制作[M]. 北京：人民邮电出版社，2009.

[3] 文东，关玉英. Dreamweaver CS3 网页设计基础与项目实训（修订版）[M]. 北京：科学出版社，2010.

[4] 高枫，蔡学森，孙良军. Dreamweaver 网页制作课堂实录[M]. 北京：科学出版社，2009.

[5] 赫军启，刘治国，赵喜来等. Dreamweaver CS4 网页设计与网站建设标准教程[M]. 北京：清华大学出版社，2010.

[6] 张强，高建华，温谦等. 网页制作与开发教程[M]. 北京：人民邮电出版社，2008.

[7] Adobe 网站. Adobe Dreamweaver CS5 & CS5.5[EB/OL].

http://help.adobe.com/zh_CN/dreamweaver/cs/using/index.html

[8] W3school 在线教程.XHTML[EB/OL].

http://www.w3school.com.cn/

[9] W3school 在线教程.XHTML[EB/OL].

[10] 我要自学网. Dreamweaver CS5 网页制作教程[EB/OL].

http://www.51zxw.net/list.aspx?cid=321

[11] 百度文库. 网站、PPT 等色彩搭配[EB/OL].

http://wenku.baidu.com/view/3032031ec5da50e2524d7f61.html

[12] 百度文库. 网站布局与配色[EB/OL].

http://wenku.baidu.com/view/344a64f90242a8956bece46d.html

[13] 百度百科. CSS 选择器[EB/OL].

http://baike.baidu.com/view/3677855.htm